国家重点研发计划项目（2022YFC3800500）

泸州市海绵城市科研课题研究项目（N5105012022000106）

重点水利工程建设系列丛书

U0291795

西南丘陵地区
海绵城市建设和内涝防治关键技术

—— 以四川省泸州市为例

张　伟　李俊奇 ◎ 著

中国建材工业出版社

北　京

图书在版编目（CIP）数据

西南丘陵地区海绵城市建设和内涝防治关键技术：以四川省泸州市为例/张伟，李俊奇著．--北京：中国建材工业出版社，2024.10．-- ISBN 978-7-5160-4245-8

Ⅰ．TU984.2；P426.616

中国国家版本馆 CIP 数据核字第 2024HV5296 号

内 容 摘 要

四川省泸州市可以集中体现我国西南丘陵地区城市的典型特征，其系统化推进海绵城市建设具有高度的示范意义和参考价值。本书结合泸州市的地域特征，基于推进海绵城市建设和内涝治理工作的迫切需求，重点从西南丘陵地区城市道路雨水设施优化布局方法和设计模式、典型建筑小区雨水控制与利用模式、典型长短历时设计雨型推求与内涝风险图编制等方面进行阐述。

本书可供研究海绵城市建设与内涝治理的专家学者阅读借鉴，同时可作为城市雨水系统与海绵城市等相关本科及研究生课程的参考用书。

西南丘陵地区海绵城市建设和内涝防治关键技术——以四川省泸州市为例
XINAN QIULING DIQU HAIMIAN CHENGSHI JIANSHE HE NEILAO FANGZHI GUANJIAN JISHU——YI SICHUAN SHENG LUZHOU SHI WEILI
张　伟　李俊奇　著

出版发行：中国建材工业出版社
地　　址：北京市西城区白纸坊东街 2 号院 6 号楼
邮　　编：100054
经　　销：全国各地新华书店
印　　刷：北京印刷集团有限责任公司
开　　本：787mm×1092mm　1/16
印　　张：12.25
字　　数：280 千字
版　　次：2024 年 10 月第 1 版
印　　次：2024 年 10 月第 1 次
定　　价：56.00 元

_____

前　言

随着我国城市化进程的加速，城市水生态、水环境、水安全、水资源等问题逐渐凸显，尤其是以城市内涝和水体黑臭为代表的诸多"城市病"，成为威胁城市可持续发展的重要阻碍。为有效应对和解决上述城市环境问题，我国提出并开展了自然积存、自然渗透、自然净化的海绵城市建设。

海绵城市建设这一重要理念的提出，为从根本上解决困扰国内外城市管理者的重要难题指明了方向。我国通过"试点城市""示范城市"的方式积极探索海绵城市建设模式。2015 年 10 月，国务院办公厅印发的《关于推进海绵城市建设的指导意见》（国办发〔2015〕75 号），明确了未来我国推进海绵城市建设的工作目标和基本原则，是我国推进新型城镇化建设的重要行动纲领。其中要求，"到 2020 年，城市建成区 20% 以上的面积达到目标要求；到 2030 年，城市建成区 80% 以上的面积达到目标要求"，为我国未来海绵城市建设提出了量化目标与美好愿景。2021 年 4 月，国务院办公厅印发《关于加强城市内涝治理的实施意见》（国办发〔2021〕11 号），进一步明确我国城市内涝治理的具体要求。

为贯彻落实并系统推进海绵城市建设要求，自 2015 年起，我国先后开展了两批共 30 个海绵城市国家试点城市和三批共 60 个海绵城市国家示范城市的建设，为扎实推进海绵城市建设打下了坚实的基础。这些试点/示范城市的遴选确定，不仅考虑了各个城市在海绵城市建设领域的前期基础，还力求在地域、气候、自然条件等方面实现全国各类城市的全覆盖，其中作为第一批系统化全域推进海绵城市建设的国家示范城市之一的四川省泸州市，集中体现了我国西南丘陵地区城市的典型特征，其系统化推进海绵城市建设的经验具有高度的示范意义和参考价值。

本书围绕西南丘陵地区典型海绵城市建设的实际需求，重点从建筑小区和城市道路两类典型项目入手，系统总结了体现西南丘陵地区城市特征的海绵型建筑小区和海绵型道路规划设计的关键问题和技术难点；从设施与下垫面衔接关系、设计方法、设施优化布局、景观设计与植物搭配等维度系统梳理了典型海绵城市建设项目规划设计的关键技术方法；同时，结合西南丘陵地区城市内涝治理需求，从典型致灾降雨特征、设计雨型、内涝风险识别及内涝风险图编制等方面，全面总结了体现西南丘陵地区城市特征的内涝治理关键技术与方法。

本书撰写期间得到泸州市住房和城乡建设局、中规院（北京）规划设计有限公司等单位的大力支持，感谢李云春、黄林、刘方华、刘洋、王家卓、栗玉鸿、雷雪飞、孔晔、赵志、张宁等给予的支持与帮助。同时，本书还得到了北京建筑大学雨水团队的指导和帮助，北京建筑大学庄子孟、王璇、刘墨涵、王颖、刘苗苗、屈沛臻、白吟敏等研究生参与了本书初稿的撰写和图表绘制工作，在此一并致谢。

本书研究成果得到了国家重点研发计划项目（2022YFC3800500）、泸州市海绵城市科研课题研究项目（N5105012022000106）、北京市属高等学校高水平科研创新团队建设支持计划项目（BPHR20220108）、北京建筑大学培育项目（X23047）等专项资金的资助，特此表示感谢！

由于笔者学术水平和经验有限，书中难免有不足之处，敬请读者和同行批评指正。

作　者
2024 年 6 月

目　　录

1 绪　论

1.1　项目背景

按照国务院办公厅《关于推进海绵城市建设的指导意见》（国办发〔2015〕75 号）要求，到 2030 年，城市建成区 80％以上的面积达到目标要求。《中华人民共和国国民经济和社会发展第十四个五年规划和 2035 年远景目标纲要》中描绘了我国海绵城市建设的美好愿景。系统化全域推进海绵城市建设，已上升为国家重大战略和行业重要需求。近年来，随着海绵城市建设的有效推进，我国有效探索并建立了海绵城市建设模式，取得了显著建设成效。尤其是在排水分区、建设项目和设施三个典型尺度下，就如何扎实、有效落实海绵城市建设要求，达成海绵城市规划目标，积累了丰富的有益经验。

系统化全域推进海绵城市建设应按照排水分区、建设项目和设施这三个层级/尺度系统化推进。按照《海绵城市建设评价标准》（GB/T 51345—2018）的规定，海绵城市建设效果评价应以排水分区为基本评价单元。值得注意的是，海绵城市建设在排水分区层面的效果是通过排水分区内海绵城市建设项目实施效果来实现的。同时，无论是源头减排设施、排水管渠还是超标雨水排放系统设施，均需要通过海绵城市建设项目的推进来实现。从这个意义上说，多种类型的海绵城市建设项目是海绵城市建设推进的核心切入点和重要工作点。

按照《海绵城市建设技术指南——低影响开发雨水系统构建（试行）》和《关于推进海绵城市建设的指导意见》（国办发〔2015〕75 号）的要求，海绵城市建设项目包括建筑小区、道路广场、公园绿地和城市水系项目，也包括建设模式探索和能力提升项目，其中最为典型的是建筑小区和道路广场项目。基于目前我国推进海绵城市建设经验，建筑小区项目是海绵城市建设推进中占比最高、最具有代表性的一类，在实际操作层面，因建设年限、设计水平、小区属性、当地问题特征等因素的影响，不同建筑小区在海绵城市建设设计思路和方案上具有显著的差异性。尽管目前已经开展了不少有益探索，但尚缺少针对不同类型建筑小区设计模式和设计思路的总结和经验，难以为高水平推进建筑小区海绵功能设计或海绵化改造提供针对性的技术模式支撑。

道路广场项目，也是各地推进海绵城市建设的重点工作。道路广场项目在径流控制必要性和重要性方面，是各类海绵城市建设项目中较特殊的类型。首先，道路下垫面是城市各类下垫面中径流污染相对较为严重、径流污染过程较为复杂的一类，因此对道路雨水径流污染的有效控制直接决定了城市雨水径流污染的控制水平；其次，道路广场项目受道路等级、断面形式、建设年代和维护水平等因素的影响，在实际开展设计时面临更为复杂的项目特征和条件；最后，道路广场项目涉及超标雨水径流排放或大排水通道设计，以及道路路面下市政排水管道系统衔接问题，具有更高的复杂性。因此，本书通过对道路广场项目海绵化功能实施途径开展了系统研究，提出不同类型道路雨水设施优化布局方法和设计模式，将为海绵化道路广场项目建设提供有力支撑。

为贯彻落实系统化全域推进海绵城市建设的工作要求，近年来，一些关于海绵城市建设的国家标准陆续发布，如《城镇内涝防治技术规范》（GB 51222—2017）、《城镇雨水调蓄工程技术规范》（GB 51174—2017）、《海绵城市建设评价标准》（GB/T 51345—2018）等。关于海绵城市规划、设计、施工、运行维护等国家标准目前也在紧张编制中。然而，目前已经发布和正在编修的海绵城市设计规范、标准更多聚焦于适用于我国不同地域、不同城市的共性特征的普适性方法和模式，尚未结合不同地域城市的实际特征和具体条件来制订。

作为西南丘陵地区的典型城市，四川省泸州市当然可以采用国家标准中的普适性模式，但如何突出本地化地域特征，如何充分结合泸州市当地自然条件，实现高效率、高水平、高展示度的海绵城市项目设计，充分体现泸州市作为海绵城市国家示范城市的作用和水平，以及对西南丘陵地区城市的示范效应，仍是有待深入研究和重点解决的问题。

对支撑海绵城市建设项目实施的各类海绵功能设施的设计方法，现行国家标准进行了明确规定。同时，作为海绵城市国家示范城市的四川省泸州市也从地方标准、指南、导则上进行了有益探索，泸州市先后发布了《泸州市海绵城市建设设计技术导则（试行）》《泸州市城市道路与开放空间低影响开发雨水设施标准设计图集（试行）》等地方导则和指南，为有效推进泸州市海绵城市建设工作奠定了良好基础。

然而，在海绵城市建设项目中，尤其是在建筑小区和道路广场项目中仍存在不少关键技术参数有待进一步深入研究。同时，如何基于泸州市地形、土壤、下垫面类型和生态格局，选择典型设施适宜设计方案与关键参数，如何实现雨水控制利用和景观效果等呈现多功能的典型设施优化布局更需要进一步探索，其必将为实现以四川省泸州市为代表的我国西南丘陵地区扎实、科学落实海绵城市建设要求提供更为有力的支撑。

除海绵城市建设外，城市内涝治理也是近年来我国城市建设领域重点推进的工作，也可理解为是海绵城市建设工作的重要组成部分，国务院办公厅在印发的《关于推进海绵城市建设的指导意见》（国办发〔2015〕75 号）明确指出，海绵城市建成应达到"小雨不积水、大雨不内涝、水体不黑臭、热岛有缓解"的目标要求。这也是海绵城市建设以目标和问题为导向特征的重要体现。

2021 年 4 月，国务院办公厅印发《关于加强城市内涝治理的实施意见》（国办发〔2021〕11 号），明确指出"近年来，各地区各部门大力推进排水防涝设施建设，城市内涝治理取得积极进展，但仍存在自然调蓄空间不足、排水设施建设滞后、应急管理能力不强等问题"。这一文件发布为加快推进城市内涝治理提供重要政策支撑，为系统推进海绵城市建设提供了重要依据和政策支持。

降雨事件本身是导致城市出现内涝灾害的主要诱因之一，研究城市内涝灾害特征、进行城市内涝治理，首先应明确城市降雨与城市内涝灾害的内在联系。降雨本身是高度随机、复杂的自然现象，需要通过城市气象、水文特征来研究掌握其内在规律，并厘清导致城市内涝积水灾害的关键因素，通过设计降雨雨型指导内涝治理工程设计，暴雨设计雨型是进行城市内涝治理模拟研究和工程实践的关键基础数据。

目前，我国不少城市在进行城市内涝风险模拟分析和内涝治理研究与实践中，多数采用芝加哥雨型等典型模式雨型，尽管这类模式雨型具有一定共性特征，但并不能真正反映当地实际降雨条件，由此进行内涝风险分析可能会与实际情况相去甚远。因此，特别有必要研究明晰各地实际降雨特点，尤其是要了解可能导致内涝积水的致灾降雨事件的关键特征。根据当地资料推求本地化的设计雨型，同时考虑降雨事件本身的差异性和内涝演替过程的复杂性，尤其是近年来我国部分城市（如河南省郑州市等地）出现长历时降雨导致内涝积水灾害的事件时有发生，有条件的地区，有必要分别推求长历时、短历时的设计雨型，这必将为城市内涝治理工作提供强有力的基础数据支撑。

按照《城镇内涝防治技术规范》（GB 51222—2017）和《室外排水设计标准》（GB 50014—2021）的规定和要求，我国城市区域应建设源头减排、排水管渠和排涝除险三套系统应对城市内涝积水问题。三套系统针对不同重现期的降雨，对应不同设计标准，如管渠系统设计标准和内涝防治标准，在不同标准内城市内涝风险区域必然存在差异，有必要明晰不同标准降雨对应的内涝风险区域范围和内涝风险程度。

此外，当城市出现超过内涝防治标准的降雨事件时，应采取应急管理等措施实现对相应风险区域的有效管控。因此，对不同设计标准内外的内涝风险进行精准识别，国务院办公厅《关于加强城市内涝治理的实施意见》（国办发〔2021〕11 号）中明确要求：各地应有效应对城市内涝防治标准内的降雨，老城区雨停后能够及时排干积水，低洼地区防洪排涝能力大幅提升，历史上严重影响生产生活秩序的易涝积水点全面消除，新城区不再出现"城市看海"现象；在超出城市内涝防治标准的降雨条件下，城市生命线工程等重要市政基础设施功能不丧失，基本保障城市安全运行。在充分分析内涝风险的基础上，结合泸州市当地条件，掌握城市内涝风险图编制方法和确定内涝风险识别关键参数，将为泸州市内涝治理工作提供切实有效的技术支撑。

通过对相关背景的梳理可以看出，对我国西南丘陵地区城市道路雨水设施优化布局方法和设计模式，以及典型建筑小区雨水控制与利用模式的深入研究，必将为泸州市系统化全域推进海绵城市建设提供重要科学依据；对以泸州市为代表的西南丘陵地区城市典型长短历时设计雨型开展研究，掌握内涝风险识别和内涝风险图编制方法，也必将为泸州市系统化全域推进海绵城市建设、有效应对城市内涝问题、实现高效科学的内涝治理提供重要科学依据，必将为泸州市探索具有西南丘陵地区城市地域特征的海绵城市系统化全域推进有效模式提供关键技术支撑，进而为我国多目标海绵城市建设模式探索提供重要补充。

1.2 研究内容

本书结合我国典型西南丘陵地区城市泸州市本底特征，基于推进海绵城市建设和内涝治理工作的重要需求，对西南丘陵地区城市道路雨水设施优化布局方法和设计模式、西南丘陵地区城市典型建筑小区雨水控制与利用模式、典型长短历时设计雨型推求与内涝风险图编制等方面进行重点阐述。

（1）西南丘陵地区城市道路雨水设施优化布局方法和设计模式

道路广场项目作为海绵城市建设中一类重要支撑项目，具有径流污染严重、项目类型多样、技术模式复杂等多重典型特征，对深入有效推进海绵城市建设具有重要作用。

泸州市作为山地丘陵地区城市，道路复杂多样，暴雨季节极易引发洪涝灾害，需要因地制宜地制定内涝防控策略以及道路设计方法指导泸州市海绵城市道路建设。本书通过对泸州市道路广场项目的海绵化实施途径开展系统研究，提出不同类型道路雨水设施优化布局方法和设计模式，将为海绵化道路广场项目建设提供有力支撑，突出示范意义。

（2）西南丘陵地区城市典型建筑小区雨水控制与利用模式

建筑小区项目是海绵城市建设推进中占比最高、最具有代表性的一类项目。但受建设年限、设计水平、小区属性、当地问题特征等因素影响，不同建筑小区项目在海绵城市建设功能和方案设计上具有显著差异性。

泸州市作为典型西南丘陵地区城市，具有独特的自然本底特征、排水分区条件和径流组织条件，其建筑小区在海绵城市建设过程中存在内涝积水和雨污混错接等问题，需要因地制宜采取基于多目标的海绵化改造方案。本书通过对泸州市建筑小区雨水设施组合形式和植物搭配开展系统研究，提出适宜于西南丘陵地区城市的典型建筑小区雨水控制与利用模式，将为有效支撑建筑小区海绵改造项目建设提供有效参考和借鉴。

（3）泸州市典型长短历时设计雨型推求与内涝风险图编制

通过对泸州市近年来典型城市内涝积水灾害进行系统梳理，分析泸州市降雨特征与内涝灾害的内在联系和水文响应关系，明晰导致城市内涝积水灾害的降雨的历时、雨峰、雨型等典型特征，充分考虑不同类型内涝积水灾害的演进机制，编制泸州市典型长短历时设计雨型；结合泸州市建成区内涝防治标准要求，采用经典数学模型构建泸州市建成区典型区域的排水系统模型，基于多情景及长短历时设计雨型进行模拟分析，划定泸州市建成区设计标准内和标准外的内涝风险区，研究提出了泸州市城市内涝风险识别关键参数和参数值确定方法，进而形成泸州市城市内涝风险图编制方法。

2 泸州市道路下垫面组成与雨水设施衔接

　　道路红线内外下垫面组成是道路雨水径流产汇流的基础条件，更是确定道路项目雨水系统各类设施衔接关系的关键。本章从分析泸州市道路特征入手，明确西南丘陵地区城市不同于其他类型城市的典型特征，以道路红线内外下垫面的组成和分布为基础资料，系统梳理了泸州市道路红线内外下垫面特点，并以典型道路为例，分析了泸州市各级道路雨水可利用潜力和雨水消纳能力，展示了道路雨水设施平面布局和竖向衔接方案，可为泸州市海绵城市建设道路项目设计提供参考和依据。

2.1 西南丘陵地区城市道路特征

2.1.1 西南地区道路特征

　　我国西南地区涵盖四川盆地、云贵高原和青藏高原南部，包括四川省、贵州省、云南省、重庆市、西藏自治区。西南地区地形复杂，有盆地、山地、丘陵、高山等多种类型，是我国地形起伏最大的地理分区。西南地区属亚热带季风气候、高原山地气候等，水资源十分充沛，占我国水资源总量的46%。区内降水主要集中在夏季，空间异质性较大且变化复杂。西南地区大江大河较多，中部、北部以长江水系为主，南部和西部分属珠江、元江（又称红河）、雅鲁藏布江、澜沧江（湄公河上游在中国境内河段）、怒江（萨尔温江）、伊洛瓦底江、恒河和印度河流域。

　　西南地区受海拔限制，道路多集中在东南部，西北部路网稀疏，其中四川盆地是该地区人口最稠密、交通最便捷、经济最发达的区域。近年来，西南地区陆路交通网络密度和覆盖度都有显著变化，已初步形成了以铁路、公路为主的交通网络体系。但西南地区的地形复杂、地质多样，对于交通的发展和建设非常不利，道路密度和质量与我国东部沿海地区相比还处于较低水平。

2.1.2 丘陵地区城市道路特征

　　丘陵地区城市海拔通常在200～500m，由连绵的低矮山丘组成。丘陵地貌主要分布于高原与平原、山地与平原间的过渡地带，也有部分丘陵地貌处于平原之中。城市范围内往往不仅有一种地形地貌存在，因此丘陵地区城市往往指的是城市中地形地貌以丘陵为主，同时可能兼具山地、盆地、平原等其他地形地貌。丘陵地区城市主要分布在季风气候显著的区域，夏季炎热多雨，部分区域可能存在山谷风、地转风等局部小气候。丘陵地区降水较为丰沛，大多集中在5—7月。丘陵地区的地形地势特征对其降水影响较大，丘陵地形迎风面降水多于背风面。丘陵地区的地表径流主要依靠降水补给，雨季降水集中，容易引发自然灾害。此外，丘陵地区的坡度、坡向等也会对雨水径流产生影响。其水文表现为河流密布、河流汛期长、支流众多、流域广、季节性变化明显等特征。

相对于平原地区的道路，丘陵地区的道路大多呈现不同程度的高低起伏，其路网通常呈现明显三维特征。丘陵地区道路主要表现出以下特征。

1. 高差起伏多

丘陵地区城市受地形地貌的影响和制约，其道路纵向及横坡高差较大。道路纵坡上下坡频繁，局部会出现较陡的路段；道路横坡方面，道路两侧的地形存在明显高差，这些都给丘陵地区的道路设计带来一定难度。但起伏多变的地形，使得丘陵地区城市的路网布局更加灵活多样，通过道路与自然山水的合理组织，易形成有别于平原地区城市的多空间层次路网格局，丰富城市立体轮廓线。

2. 曲折弯道多

丘陵地区道路线形的设计不同于平原地区道路的平直、方正和方向指向性强，顺应地形的走向，结合自然地形进行布线，布局自由，通常没有固定模式，线形变化多，道路曲折弯道较多。

3. 空间层次多

由于丘陵地区地形地貌相对复杂，地形起伏较多，很多道路线形不在同一个平面上，有穿山、绕岭、跨谷等多种选线方式，结合丘陵地区丰富的自然空间和建筑空间层次，可形成空间层次丰富的道路系统，如顺应地形变化而产生的蜿蜒崎岖、上下跌落的街道空间。

4. 交通方式多样

由于受到地形的制约，丘陵地区常规的交通规划和建设存在一定的难度，需要运用多样的交通方式来辅助解决竖向交通问题。如在局部高差较大的道路之间，以及不同高差的建筑空间之间，常常会采用坡道、人行梯级、自动扶梯等多种交通方式共同来解决竖向交通联系问题，这将导致丘陵地区城市道路产汇流过程呈现高度复杂性。

2.1.3　泸州市道路特征

泸州市是典型的西南丘陵地区城市，其地形复杂、降雨充沛、水网纵横，其自然本底特征与平原地区城市有显著差异，其道路充分体现了丘陵地区城市道路典型特征。以下从道路设计参数、雨水径流污染、内涝防控需求三方面分析泸州市道路特征。

1. 道路设计参数复杂

丘陵地区城市道路规划设计要求与平原地区城市道路规划设计的普遍性要求存在明显差异。《城市道路工程设计规范》（CJJ 37—2012，2016 年版）对道路设计参数进行了详尽的规定和要求，通过对典型丘陵地区城市重庆市地方标准《城市道路交通规划及路线设计标准》（DBJ 50/T 064—2022）和典型平原地区城市上海市地方标准《城市道路设计规程》（DGJ 08-2106—2012）进行对比分析，给出丘陵地区城市和平原地区城市道路设计参数的主要差异（表 2-1）。

表 2-1　不同类型城市道路设计参数

类别	丘陵地区城市	平原地区城市
道路分级	在四级道路类别下根据山丘地形特征进行级别细分	四级道路类别
路幅数	较少	较多
最大设计纵坡	通常为 9%，最大极限值为 12%	8%
最小设计纵坡	0.5%	0.3%

类别	丘陵地区城市	平原地区城市
最小设计横坡	1.5%	1.0%
坡长	较长	较短
爬坡车道	有相关设置要求	无相关要求
合成坡度	较大	较小

2. 雨水径流污染严重

丘陵地区城市道路坡度大、径流汇流流速高等特点，导致其径流污染水平通常高于平原地区城市道路，且径流常裹挟泥沙、树枝等杂物，增加了造成淤堵的可能性。此外，山地丘陵地形复杂，地表裸露度低，易造成水土流失问题，导致雨水径流中泥沙颗粒含量高。

受到较高纵坡和横坡的影响，丘陵地区城市雨水径流污染物初期冲刷效应大多较平原地区城市更为明显。雨水径流能够在短时间内冲刷携带大量的污染物，可能会造成径流污染物浓度在短时间内急剧上升，对受纳水体造成更为严峻的短时冲击负荷。

3. 内涝防控需求较高

（1）道路周围下垫面情况复杂

道路周围下垫面涉及水体、道路、绿地、立交和小区等，相互交织连接，使得道路周围下垫面复杂多样，内涝防控需求也变得复杂，对实现有效内涝防控提出了更高要求。

（2）道路类型复杂，易涝区域多样

丘陵地区城市地下空间开发利用程度高，道路建设形式多样。地下空间建有停车场、公共服务设施、交通设施等，还建有高架桥、下穿道、涵洞等道路形式。由于地表产汇流过程复杂，这些空间易形成内涝积水，引发洪涝灾害，是进行内涝防控的重点和关键。

（3）道路坡度普遍较大，部分区域存在跌水现象

丘陵地区城市道路坡度普遍较大，使得道路竖向变得复杂，降雨时径流形成快、动能大，在部分区域还会有跌水现象。跌水可能加剧道路路面损坏程度，延长路面积水时间，加剧内涝危害。

（4）道路弯多弯急，径流难以顺直行泄

丘陵地区城市的道路顺应地形的走向，结合自然地形进行布线，所以线形变化多，道路曲折，弯道更多、更急，进一步加剧了内涝风险。

（5）沿山道路承受山洪，行泄压力大

丘陵地区城市山旁路段依山就势汇集山体径流，极端降雨条件下山洪与城市超标雨水径流共用排水通道，使得行泄压力陡然上升。有些道路会同时承受山体径流和路面径流，极端降雨条件下道路排水泄能力不足，更易出现壅水、积水现象。

（6）低洼路口多源汇水，易产生内涝积水点

当路口的地势呈现三高一低时，雨水径流会出现多源汇集的情况，容易使下游道路无法及时排出超量径流，在十字路口及下游路段形成内涝积水点。

2.2 泸州市道路红线内外下垫面组成

根据《泸州城市综合交通体系规划》中城市道路路网规划，泸州市道路主要分为快速

路、主干路、次干路、支路四个等级。根据《泸州市城市排水（雨水）防涝综合规划（2010—2030）》，泸州市道路总长为1193.78km，中心城区内各类型道路总长为1079.41km，其中快速路、主干路、次干路和支路四种类型在道路总长度中占比分别为12.66%、38.55%、36.70%和12.09%（表2-2）。中心城区内各类型道路路网如图2-1所示。

表2-2 不同类型道路长度统计

道路类型	道路总长/km	中心城区外/km	中心城区内/km
快速路	151.08	22.79	128.29
主干路	460.17	60.85	399.32
次干路	438.18	30.73	407.45
支路	144.35	0	144.35
总计	1193.78	114.37	1079.41

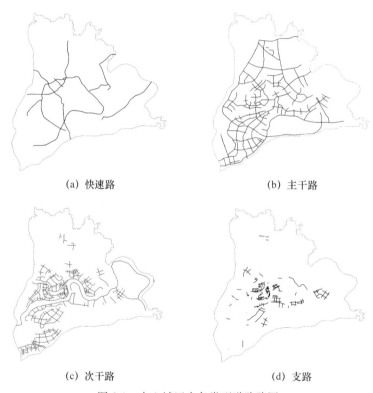

(a) 快速路　　　　　　　　　　(b) 主干路

(c) 次干路　　　　　　　　　　(d) 支路

图2-1 中心城区内各类型道路路网

2.2.1 泸州市不同类型道路红线内下垫面组成

1. 快速路

快速路是城市路网的骨架，主要联络城市各个功能分区及组团，满足较长距离快速交通需求，同时实现城市内外交通转换，承担过境交通的快速集散。

泸州市快速路根据方向不同主要分成纵线、横线和联络线。纵线有二纵线[经胡市—蜀泸大道—沱六桥—长六桥—二环路（纳溪段）—宜泸渝高速纳溪互通]、六纵线（成自泸赤高速），横线有一横线[泸州西—康城路—沱六桥—二环路（千凤路段）—特兴—省道

307]、四横线（方山滨江路—紫阳大道—轻工业集中区—泸州至合江快速通道），联络线有一联络线（对内连接安宁—石洞、云龙机场，对外连接广成线，北至绕城高速北线）、二联络线（对内连接二纵线、四横线，对外连接沿江高速）。

泸州市快速路基本为6～8车道，道路红线宽度为40.0～50.0m，快速路标准断面共3种形式（图2-2）。

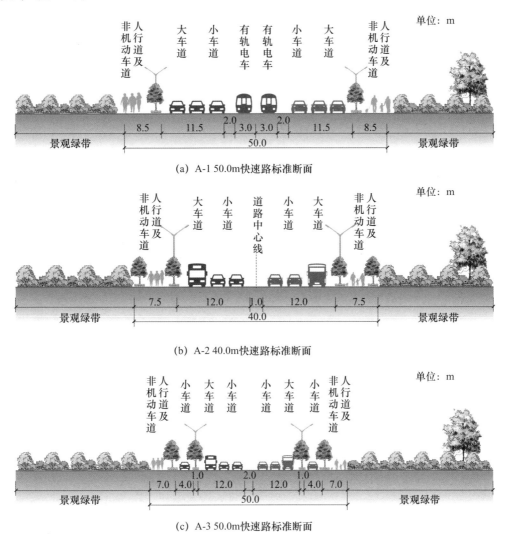

(a) A-1 50.0m快速路标准断面

(b) A-2 40.0m快速路标准断面

(c) A-3 50.0m快速路标准断面

图 2-2 中心城区快速路典型断面

2. 主干路

城市主干路是连接城市各主要分区、组团的交通干线。根据《泸州城市综合交通体系规划》，泸州市主要有九条重要主干路，分别为二横线（酒城大道—国窖大桥—高坝规划路）、三横线（城南—泰安规划路）、一纵线（石洞—城南规划路）、三纵线（蜀泸大道—城南大道）、四纵线（安宁—安富规划路）、五纵线（进港路）、三联络线（迎宾大道—江阳路）、四联络线（龙马大道）、五联络线（香林路—城南大道）。

泸州市主干路多为双向6～8车道，道路红线宽度为30.0～58.0m，标准横断面共6种形式（图2-3）。

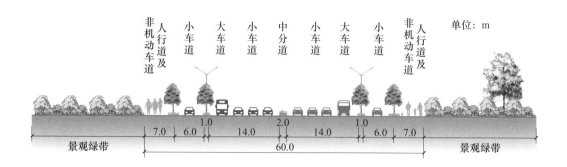

(a) B-1 60.0m主干路标准横断面

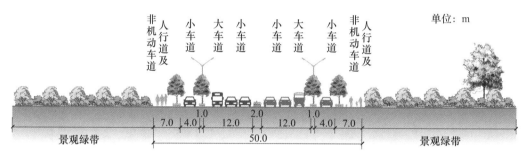

(b) B-2 50.0m主干路标准横断面

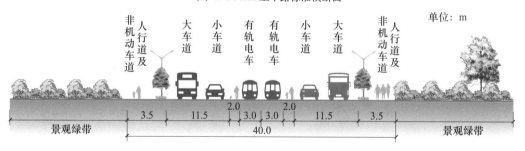

(c) B-3 40.0m主干路标准横断面

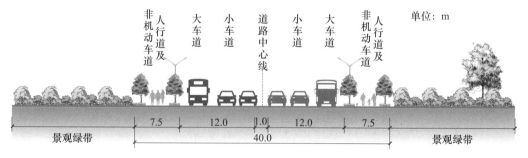

(d) B-4 40.0m主干路标准横断面

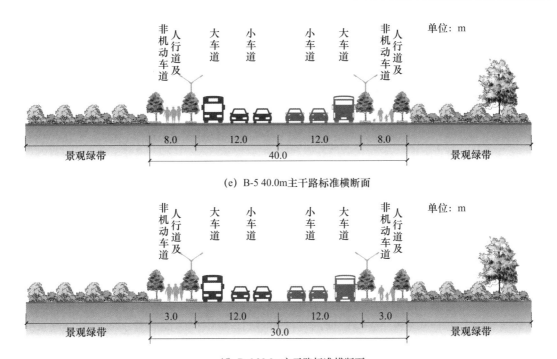

(e) B-5 40.0m主干路标准横断面

(f) B-6 30.0m主干路标准横断面

图2-3　中心城区主干路典型横断面

3. 次干路

城市次干路介于城市主干路与支路间，是车流、人流主要交通集散道路，其规划服务于城市用地，与城市的土地利用开发相结合。根据《泸州城市综合交通体系规划》，泸州市次干路标准断面共3种形式（图2-4）。

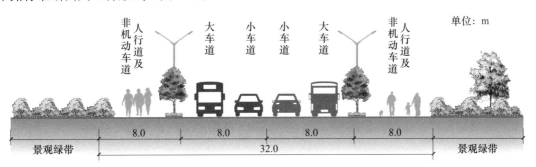

(a) C-1 32.0m次干路标准横断面

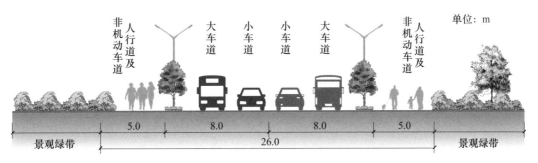

(b) C-2 28.0m次干路标准横断面

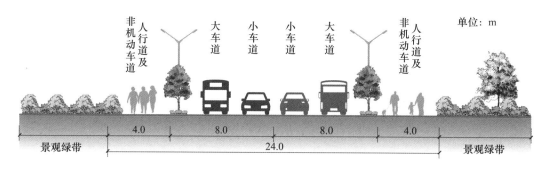

(c) C-3 24.0m次干路标准横断面

图2-4　中心城区次干路典型横断面

4. 支路

泸州市支路的断面形式通常为一板路，其路宽范围为14.0～20.0m，为方便计算，后续分析计算时平均路宽取17.0m（图2-5）。支路的绿化空间通常有限，不少支路没有绿化布置，根据泸州市道路实际情况，支路的道路绿地宽度统一按0.5m计。

表2-3给出四个等级道路各横断面的宽度和布局。根据横断面的透水面积和不透水面积所占比例，可计算得出各形式横断面道路的综合径流系数。

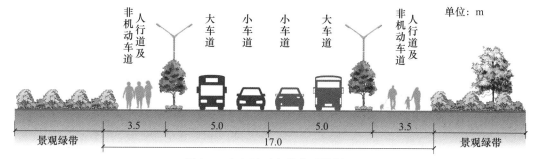

图2-5　中心城区支路典型横断面

表2-3　典型道路横断面宽度和布局

道路	横断面形式	红线内绿地宽度/m	红线内不透水铺装宽度/m	综合径流系数	横断面宽度/m
快速路	A-1 50.0m	2.0	48.0	0.87	50.0
	A-2 40.0m	5.0	35.0	0.81	40.0
	A-3 50.0m	6.0	44.0	0.81	50.0
主干路	B-1 60.0m	6.0	54.0	0.83	60.0
	B-2 50.0m	6.0	44.0	0.81	50.0
	B-3 40.0m	0.0	40.0	0.90	40.0
	B-4 40.0m	5.0	35.0	0.81	40.0
	B-5 40.0m	4.0	36.0	0.83	40.0
	B-6 30.0m	4.0	26.0	0.80	30.0
次干路	C-1 32.0m	2.0	30.0	0.85	32.0
	C-2 28.0m	2.0	26.0	0.85	28.0
	C-3 24.0m	2.0	22.0	0.84	24.0
支路	14～20.0m	1.0	16.0	0.90	17.0

2.2.2 泸州市不同类型道路红线外下垫面组成

以《泸州市城市排水（雨水）防涝综合规划（2010—2030）》中"城市道路规划图"为数据源，利用图层提取及叠加方法，得到快速路、主干路、次干路和支路四种类型道路周边下垫面分布图（图 2-6）。

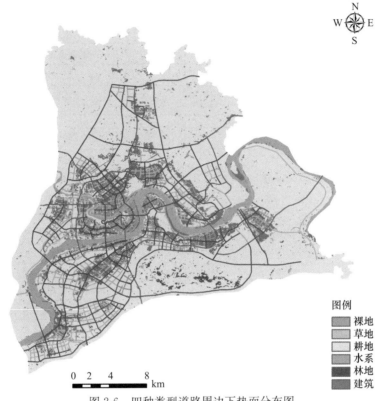

图 2-6　四种类型道路周边下垫面分布图

依据国家标准《城市用地分类与规划建设用地标准》（GB 50137—2011）规定和要求，并结合泸州市《近期土地利用规划图（2010—2020）》中下垫面类型，对道路周边下垫面进行一级分类，并进一步进行二级分类（表 2-4）。

表 2-4　道路周边下垫面分类

序号	一级分类	二级分类
1	居住用地（R）	居住用地
2	公共服务设施用地（C）	中学用地
		行政办公用地（C1）
		商业金融用地（C2）
		文化娱乐用地（C3）
		体育用地（C4）
		医院用地（C5）
		教育科研用地（C6）
		文物古迹用地（C7）
		其他公共服务设施用地（C9）

续表

序号	一级分类	二级分类
3	工业用地（M）	一类工业用地（M1）
		二类工业用地（M2）
		三类工业用地（M3）
4	仓储用地（W）	仓储用地
5	对外交通用地（T）	港口用地
		长途客运站用地
		机场用地
6	道路广场用地（S）	广场用地
		社会停车场用地
7	特殊用地（D）	特殊用地
8	市政公用设施用地（U）	市政公用设施用地
		供水用地
		供电用地
		供燃气用地
		交通设施用地
		邮政局用地
		电信局用地
		污水处理厂用地
		消防设施用地
9	绿地（G）	道路绿地
		公园绿地
		防护绿地（G2）
		景区绿地
		生态休闲绿地
		其他生态绿地
10	水域	滩涂
		水域
11	规划发展用地	规划发展用地

1. 快速路

快速路周边下垫面中绿地占比 39.7%，水域占比 2.4%，不透水区域占比 35.6%，规划发展用地占比 22.3%。快速路周边绿地面积占比较大，可为快速路雨水径流的控制与利用提供充足空间。

2. 主干路

主干路周边下垫面中绿地占比 53.9%，水域占比 1.2%，不透水区域占比约 24.9%，规划发展用地占比 20.0%。绿地占比较快速路高 14.2 个百分点；较高比例的绿地可为雨水径流的控制与利用及雨水设施的布局提供更为充足的空间和有利条件，利于大型雨水设施的布设。

3. 次干路

次干路周围下垫面中，绿地占比 26.7%，水域占比 3.5%，不透水区域占比 55.2%，规划发展用地占比14.6%。与快速路和主干路相比,绿地占比明显较低,不透水区域占比高;次干路雨水径流一部分可由绿地和水域进行控制,其他则需依靠道路排水管网收集并排放。

4. 支路

支路周围下垫面中,绿地占比10.9%,水域占比仅0.2%,不透水区域占比约75.1%,规划发展用地占比13.8%。在四种道路中,支路周边的绿地、水域占比最小,不透水区域占比最高(表2-5)。在充分、合理利用道路周边绿地和水域的基础上,大部分道路雨水径流需依靠城市排水管网收集并排放。

表 2-5 泸州市不同类型道路红线外下垫面组成对比

	绿地占比/%	水域占比/%	不透水区域占比/%
快速路	39.7	2.4	35.6
主干路	53.9	1.2	24.9
次干路	26.7	3.5	55.2
支路	10.9	0.2	75.1

次干路和支路周边的居住用地、公共服务设施用地和工业用地占比更高,可利用的空间相对有限。四级道路周边的规划发展用地占比差异不大,考虑未来远期规划差异性,可利用潜力具有不确定性。

快速路、主干路、次干路和支路周边下垫面绿地占比分别为39.7%、53.9%、26.7%和10.9%。快速路和主干路周边绿地占比显著高于次干路和支路,更具备进行大型雨水设施建设的空间条件。四种道路周边绿地的具体类型也存在差异,其中,快速路占比最高的是其他生态绿地,主干路、次干路、支路占比最高的依次为道路绿地、生态休闲绿地和公园绿地。根据道路周边绿地类型差异可选择不同的雨水设施,如道路周边其他生态绿地面积较大、分布集中,可优先考虑多功能调蓄设施等。

2.3 泸州市道路雨水控制利用潜力

2.3.1 四级道路雨水利用潜力

泸州市雨水资源较为充沛,年均降雨量约为1093mm,如各级道路上的雨水都能被有效控制与利用,将是一个十分可观的雨水资源量。首先计算泸州市各级道路雨水资源总量。雨水资源总量=年降雨量×该类型道路面积×该类型道路综合径流系数。泸州市各级道路雨水资源总量高达3823.18万m³/a,根据《2021年泸州市水资源公报》,泸州全市供水总量为115539.31万m³/a,道路雨水资源总量相当于2021年泸州市供水总量的3.31%,如果道路雨水全部加以利用,将是泸州市水资源的有效补充。

2.3.2 道路绿地消纳雨水潜力

经对各级道路红线内外绿地分布情况进行细致梳理,将红线内外的绿地按照雨水消纳可行性分为三类:红线内滞蓄空间充足型(WS)、红线外滞蓄空间充足型(OS)、红线内外滞蓄空间不足型(BI),具体如图2-7、图2-8所示。

WS：红线内自身滞蓄空间充足，这类道路红线内绿地不仅可消纳自身产生的雨水，还可承担一部分的红线外雨水径流。根据其雨水滞蓄能力可将细分为①②③④⑤五种类型。

OS：这类道路红线内自身滞蓄空间有限，红线外滞蓄空间充足，可将红线内雨水排向红线外的绿地或水域进行消纳。

BI：这类道路红线内自身滞蓄空间不足，红线外的滞蓄空间同样有限。

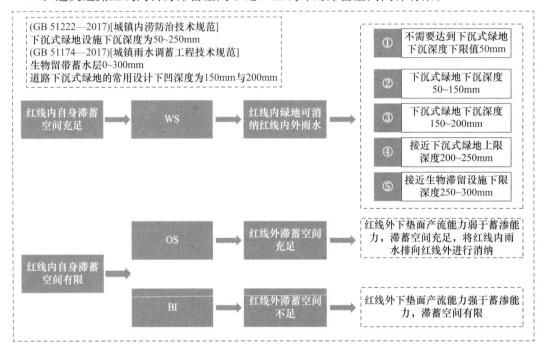

图 2-7　道路绿地消纳雨水类型划分

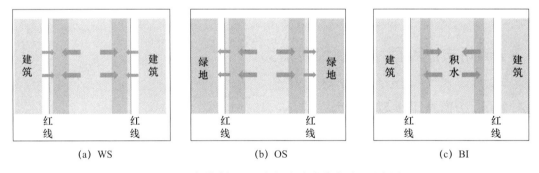

| (a) WS | (b) OS | (c) BI |

图 2-8　三类道路绿地雨水径流消纳道路平面示意图

至于各类道路具体属于三种类型中的哪一种，可按照以下方式进行判别。首先进行 WS 判别：将道路自身蓄水能力与产流能力按下面的方法进行比较分类。首先定义红线内产流能力：

$$X=10\varphi HD \tag{2-1}$$

式中，D 为红线宽度；φ 为红线内综合雨量径流系数。

根据《室外排水设计标准》（GB 50014—2021），建筑屋面、混凝土或沥青路面的径流系数为 0.85～0.95，统一取 0.90，公园或绿地的径流系数为 0.10～0.20，统一取 0.15；H 为设计降雨量，根据泸州市中心城区纳溪雨量站监测的 1991—2020 年 30 年日雨量数据计算年径流总量控制率-设计降雨量曲线得出（图 2-9）。

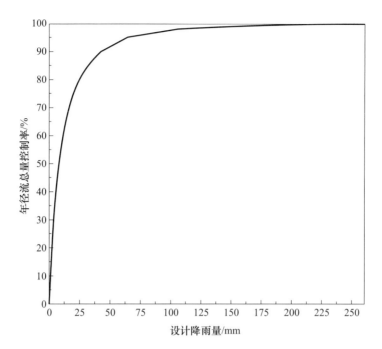

图 2-9　泸州市中心城区年径流总量控制率-设计降雨量

再计算道路雨水滞蓄能力 Y：

$$Y = WCm \qquad (2\text{-}2)$$

式中，W 为道路绿地宽度；C 为下沉深度；m 为容积系数，可取 0.9。

《城镇内涝防治技术规范》（GB 51222—2017）规定下沉式绿地的下沉深度为 50～250mm，《城镇雨水调蓄工程技术规范》（GB 51174—2017）规定生物滞留带蓄水层 0～300mm，而道路下沉式绿地的常用设计下沉深度为 150mm 与 200mm。根据 Y 计算过程中下沉深度的不同取值，将 Y 分为 Y_1，Y_2，Y_3，Y_4 和 Y_5。Y_1 为以下沉式绿地设计深度下限值 50mm 设计的道路绿地滞蓄能力；Y_2，Y_3 为以常用下沉式绿地下沉深度为 150mm、200mm 设计的道路绿地滞蓄能力；Y_4 为以下沉式绿地设计深度上限值 250mm 设计的道路绿地滞蓄能力；Y_5 为以生物滞留带设计深度 300mm 设计的道路绿地滞蓄能力。

根据 X 与 Y 的比较判别标准断面红线内外雨水衔接关系属于哪一类。根据两者关系可细分为①②③④⑤五种类型，具体为：

（1）Ⅰ：$X < Y_1$，不需要达到下沉式绿地最小设计下沉深度就可在红线内全部消纳雨水径流，红线内滞蓄空间充足，不需将所有的道路绿地都设计为雨水控制设施。

（2）Ⅱ：$Y_1 < X < Y_2$，不需要达到下沉式绿地常用的下沉深度就可在红线内全部消纳雨水径流，红线内滞蓄空间较为充足。

（3）Ⅲ：$Y_2 < X < Y_3$，该类型中需要将道路绿地都设计为常用下沉深度值 150～200mm 的下沉式绿地才可实现在红线内消纳雨水径流的目标。

（4）Ⅳ：$Y_3 < X < Y_4$，该类型中常用的设计下沉深度值已无法满足自我消纳的需求，需要较大的下沉深度才可实现道路红线内雨水径流自我消纳，进行雨水设施的设计时，必须对道路绿地进行充分利用才可实现自我消纳的目标，道路海绵设计空间紧张。

（5）Ⅴ：$Y_4 < X < Y_5$，该类型中必须设计一部分接近 300mm 最大下沉深度的生物滞留

17

带才可完成红线内雨水自我消纳,设计时必须对道路绿地进行完全的利用才可实现自我消纳的目标,道路海绵设计空间非常紧张。

当 $X > Y_5$ 时,红线内滞蓄空间不足,仅依靠道路绿地的雨水设施进行源头雨水调控无法实现雨水径流的消纳,需排到红线外进行消纳,属于 OS 或 BI。

典型道路绿地消纳雨水情况判别见表 2-6。

表 2-6 典型道路绿地消纳雨水情况判别

道路类型	断面形式	总量控制率/%						
		60	65	70	75	80	85	90
		日降雨量/mm						
		12.51	15.16	18.25	22.33	27.97	35.93	48.79
快速路	A-1 50.0m	OS/BI	OS/BI	OS/BI	OS/BI	OS/BI	OS/BI	OS/BI
	A-2 40.0m	②	②	②	③	④	⑤	OS/BI
	A-3 50.0m	②	②	②	③	④	⑤	OS/BI
主干路	B-1 60.0m	②	②	③	④	⑤	OS/BI	OS/BI
	B-2 50.0m	②	②	②	③	④	⑤	OS/BI
	B-3 40.0m	OS/BI	OS/BI	OS/BI	OS/BI	OS/BI	OS/BI	OS/BI
	B-4 40.0m	②	②	②	③	④	⑤	OS/BI
	B-5 40.0m	②	②	③	④	⑤	OS/BI	OS/BI
	B-6 30.0m	②	②	②	②	③	④	OS/BI
次干路	C-1 32m	③	④	⑤	OS/BI	OS/BI	OS/BI	OS/BI
	C-2 28m	③	④	④	⑤	OS/BI	OS/BI	OS/BI
	C-3 24m	②	③	④	④			
支路	17m	OS/BI	OS/BI	OS/BI	OS/BI	OS/BI	OS/BI	OS/BI

当判别道路不属于 WS 后,即 $X > Y_5$,则需要进一步对道路红线外周边下垫面的滞蓄能力进行量化,判断道路归属于 OS 还是 BI。

雨量径流系数,绿地为 φ_1,水域为 φ_2,不透水区域下垫面径流系数为 φ_3,根据《室外排水设计标准》(GB 50014—2021),φ_1 可取 0.15,φ_2 可取 1.0,φ_3 可取 0.9。同时定义红线外产流能力指数与蓄渗能力指数:产流能力指数=道路周围绿地下垫面占比×φ_1+道路周围不透水区域下垫面占比×φ_3;蓄渗能力指数=道路周围绿地下垫面占比×(1−φ_1)+道路周围水域下垫面占比×(1−φ_2)。

若产流能力指数小于蓄渗能力指数,则表明该道路红线外下垫面产流能力小于蓄渗能力,属于 OS。若产流能力指数大于蓄渗能力指数,则表明该道路红线外下垫面产流能力大于蓄渗能力,属于 BI。

综上,根据红线内外绿地可消纳雨水的情况分为 WS、OS、BI 三种类型,WS 又根据雨水设施下沉式绿地和生物滞留需下沉的深度细分为①②③④⑤五种情况,表达红线内绿地对于雨水的消纳潜力,①②③④⑤消纳能力依次减弱。

2.3.3 道路雨水径流控制潜力

城市道路是雨水年径流总量控制率"落地"的主要途径。基于泸州市中心城区快速路、主干路、次干路和支路路网分布与各网格地块空间联系，按照各级道路绿化带空间和典型道路断面设计，分别计算并统计各网格中达到四级道路可控制的雨水总量，并据此和网格地块内的用地条件，折算得到该部分径流控制体积相当于该网格地块可控制设计降雨量值，得到滞蓄雨水量的空间分布，如图 2-10 所示。

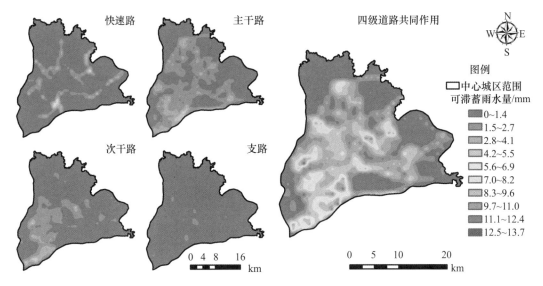

图 2-10　泸州市中心城区四级道路可滞蓄雨水量分布

快速路、主干路、次干路和支路可滞蓄雨水量最高分别可达 7.3mm、7.3mm、6.9mm 和 2.6mm，四级道路叠加可滞蓄雨水量最高可达 13.7mm，占相应区域设计降雨量要求的 61.4%。空间分布中的最高值并不能反映中心城区内道路总体控制效果，这与四级道路路网分布以及相应地块下垫面类型和产流条件有关。对于中心城区面积 173.75km² 建成区而言，快速路、主干路、次干路和支路平均可有效控制可滞蓄雨水量分别为（0.8±0.9）mm、（1.7±0.7）mm、（1.4±0.8）mm 和（0.3±0.4）mm，四级道路总体效果平均值也可达到（4.3±1.6）mm，占设计降雨量的 19.3%±7.2%。可见，道路广场项目对建成区内雨水年径流总量控制率的达成具有十分重要的作用。

2.4　不同功能类型雨水设施衔接联系

按照国家标准《低影响开发雨水控制利用　设施分类》（GB/T 38906—2020）的规定，道路雨水设施包含渗滞类设施、集蓄利用类设施、调蓄类设施、截污净化类设施、转输类设施五大类（表 2-7）。城市道路雨水设施布局需结合城市道路形式和自然条件，从源头、中途、末端进行全面管控，以实现对雨水径流的滞蓄、传输、收集和净化。

道路由中央分车带、机动车道、机非分车绿带、非机动车道、行道树绿带、人行道、路侧景观绿带等组成，每部分可设置不同雨水设施。以图 2-11 典型道路断面可用设施为例，可知一条道路的设施组合十分复杂，将有约万种设施组合形式，在道路雨水设施选用中，结合道路条件设置合理设施布局的难度可想而知。

表 2-7　道路可用雨水设施

设施一级分类	设施二级分类	道路适用性
渗滞类设施	透水铺装	●
	生物滞留	●
	下沉式绿地	●
	绿色屋顶	○
	渗透塘	◎
	渗井	●
集蓄利用类设施	蓄水池	◎
	雨水罐	◎
调蓄类设施	调节塘	◎
	调节池	◎
	湿塘	◎
	合流制溢流调蓄池	◎
	多功能调蓄	◎
截污净化类设施	人工土壤渗滤	◎
	植被缓冲带	●
	生态驳岸	◎
	雨水湿地	●
	沉砂池	◎
转输类设施	植草沟	●
	渗管/渠	◎
	管道及附属构筑物	●

注：●——宜选用；◎——可选用；○——不宜选用。

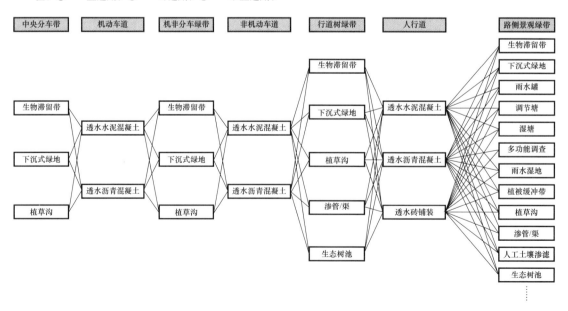

图 2-11　典型道路雨水设施组合搭配

在道路的每一路段，雨水设施可有不同的空间布局形式，可分为点状模式、带状模式、面状模式和混合模式四种模式。

1. 点状模式

该模式即在场地内布置点状雨水设施，占地面积较小，布置方式灵活，可见缝插针式布置。该模式对雨水的处理能力有限，自身常常难以满足相应汇水区的雨水控制要求，需结合其他雨水设施或者城市地下管网共同发挥作用。

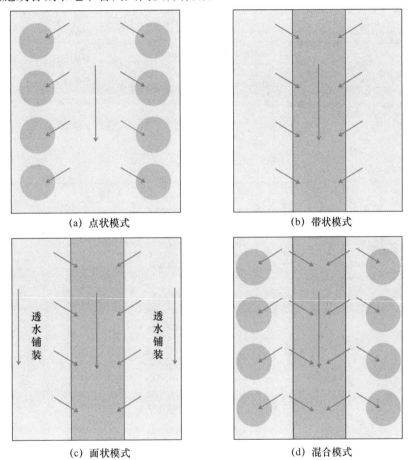

(a) 点状模式　　　　　　　　　　(b) 带状模式

(c) 面状模式　　　　　　　　　　(d) 混合模式

图 2-12　道路雨水设施空间布局形式

2. 带状模式

该模式即在狭长的带状区域连续布置雨水设施，常选择生物滞留、植草沟、渗渠等。该模式的雨水设施多具有径流转输功能，也可与地下雨水管渠系统协同实现径流收集排放功能。

3. 面状模式

该模式的雨水设施布局以面状形式呈现，在场地中分布式布设雨水设施使其形成组团，实现全方位的雨水控制。适用于该模式的雨水设施有透水铺装、下沉式绿地、生物滞留等。

4. 混合模式

该模式即点状布局、带状布局、面状布局的结合，包括其中两者或三者的组合，适用的雨水设施包括每种模式对应的具体设施。

结合泸州市各级道路下垫面分布特征和典型道路断面形式，并基于海绵城市建设总体管控目标，给出各级道路雨水设施平面布局和竖向衔接示意，见表2-8。

表2-8 雨水设施平面布局和竖向衔接示意

一级分类	二级分类	对应断面	平面布局	竖向衔接
WS	②	B-6 30.0m	机动车道（透水沥青铺装）、机非隔离带（下沉式绿地）、非机动车道（透水沥青铺装）、行道树（生态树池）、人行道（透水砖铺装）、路侧绿化带（生物滞留）、溢流口、检查井、雨水管道	机动车道（透水沥青铺装）、机非隔离带（下沉式绿地）、非机动车道（透水沥青铺装）、行道树（生态树池）、人行道（透水砖铺装）、路侧绿化带（生物滞留）、溢流口、雨水管道
	③	A-2 40.0m	中央分车带（生物滞留）、机动车道（透水混凝土铺装）、机非隔离带（植草沟）、非机动车道（透水混凝土铺装）、行道树（生态树池）、人行道（透水砖铺装）、路侧绿化带（植草沟）	中央分车带（生物滞留）、机动车道（透水混凝土铺装）、机非隔离带（植草沟）、非机动车道（透水混凝土铺装）、行道树（生态树池）、人行道（透水砖铺装）、路侧绿化带（植草沟）
		A-3 50.0m	中央分车带（植草沟）、机动车道（透水沥青铺装）、分车带（下沉式绿地）、机非隔离带（透水混凝土铺装）、非机动车道、行道树（生物滞留口）、人行道（透水砖铺装）、路侧绿化带（植草沟）	中央分车带（植草沟）、机动车道（透水沥青铺装）、分车带（下沉式绿地）、机非隔离带（透水混凝土铺装）、非机动车道、人行道（生物滞留）、路侧绿化带（透水砖铺装）、植草沟

续表

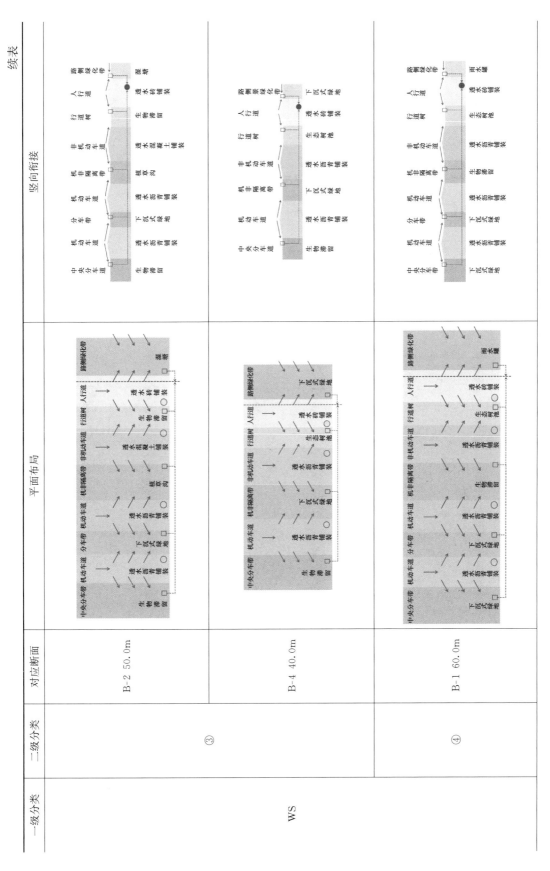

一级分类	二级分类	对应断面	平面布局	竖向衔接
WS	③	B-2 50.0m		
	④	B-4 40.0m		
		B-1 60.0m		

续表

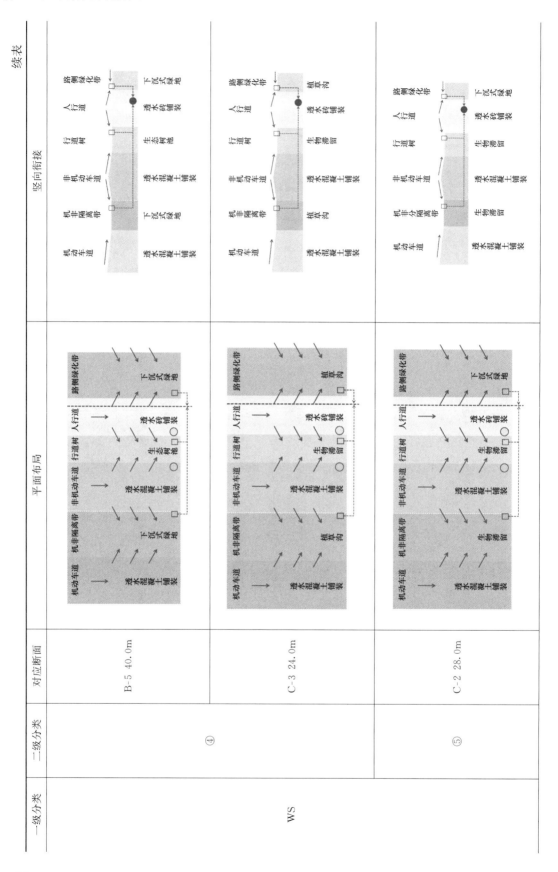

一级分类	二级分类	对应断面	平面布局	竖向衔接
WS	④	B-5 40.0m		
	⑤	C-3 24.0m		
		C-2 28.0m		

续表

一级分类	二级分类	对应断面	平面布局	竖向衔接
OS/BI	OS	A-1 50.0m		
	BI	A-1 50.0m		
	OS	B-3 40.0m		

续表

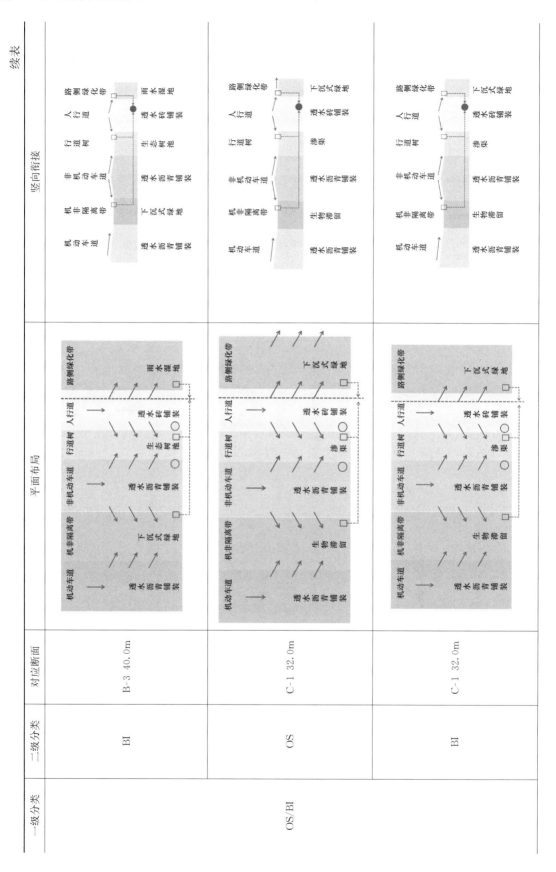

一级分类	二级分类	对应断面	平面布局	竖向衔接
OS/BI	BI	B-3 40.0m		
	OS	C-1 32.0m		
	BI	C-1 32.0m		

续表

一级分类	二级分类	对应断面	平面布局	竖向衔接
OS/BI	OS	支路 17.0m		
	BI	支路 17.0m		

　　红线内滞蓄空间充足型道路，在红线内景观绿带较宽，可利用滞蓄空间较大，①～④型道路可多设下沉式绿地，且下沉式绿地的下沉深度可依次增大，②③④⑤型道路可设生物滞留或滞蓄空间较大的雨水设施。

　　红线外滞蓄空间充足型道路，红线外多为绿地或水域，竖向设计应保证其高程低于红线内高程，确保红线内雨水径流可汇入红线外绿地进行消纳。红线外雨水设施可根据实际条件设置雨水湿地、植被缓冲带、多功能调蓄等。红线内滞蓄空间较小，可设生态树池等占地空间小的雨水设施，或植草沟等转输类设施，在红线内尽可能就地削减径流总量。

　　红线内外滞蓄空间不足型道路，要优先充分利用红线内外可滞蓄空间，设置透水铺装、生态树池等雨水设施，尽可能就地削减径流总量，降低雨水管渠系统排水压力。

3 基于西南丘陵地区特征的城市道路雨水系统设计

我国西南丘陵地区城市道路具有显著不同于其他城市的特征,本章从泸州市自然本底条件和生态格局入手,分析了泸州市地形地貌条件、土壤类型地区分布、下垫面空间分布和生态格局,基于泸州市道路本底条件和道路雨水系统衔接关系进行了研究,提出适合我国西南丘陵地区城市道路雨水系统设计流程和总体思路。

3.1 泸州市自然本底条件和生态格局

3.1.1 泸州市地形地貌条件

泸州市地处四川盆地南缘与云贵高原的过渡地带,地势总体北低南高,北部以丘陵为主,南部为中、低山,中心城区范围内兼具盆中丘陵和盆周山地地形。泸州市中心城区地形以北部浅丘宽谷区和沿江河谷阶地区为主,整体地势北低南高,建成区地形以沿江河谷阶地为主,地势较为平坦,海拔在250m以下,相对高差小于30m(图3-1)。北部浅丘宽谷区海拔多在250~400m。中心城区周边山体属于中部丘陵低山区,以西南侧方山和东南侧南寿山为区域制高点。

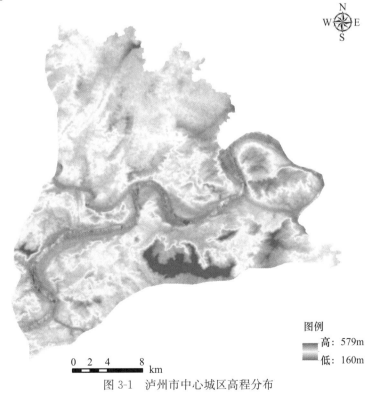

图例
高:579m
低:160m

0 2 4 8 km

图 3-1 泸州市中心城区高程分布

图 3-2 给出泸州市中心城区坡度分布，可以看出中心城区北低南高，北部坡度较缓，中部和南部坡度较陡。坡度较陡处主要集中于中部沿江地区和南寿山区域。

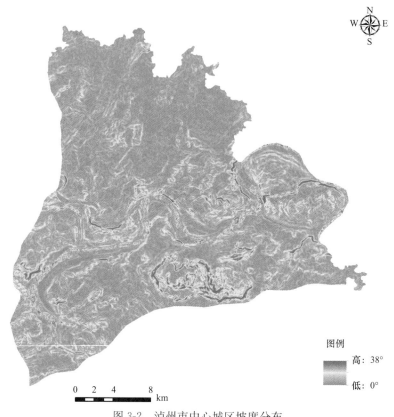

图例

高：38°

低：0°

0 2 4 8 km

图 3-2　泸州市中心城区坡度分布

3.1.2　泸州市土壤类型地区分布

泸州市中心城区土壤类型可细分为紫泥田、潮沙泥土、紫色土、碳酸盐紫色土、粗骨紫色土（图 3-3）。土壤类型以紫色土为主。紫色土又分为紫色土、碳酸盐紫色土和粗骨紫色土，最北部泸县附近为碳酸盐紫色土，南部中山区基本为紫色土，东南侧一小块区域为粗骨紫色土。紫色土以砂壤土和黏壤土为主，耐旱耐涝，渗透性强。

紫泥田和潮沙泥土都属于水稻土土种，大量分布于中心城区中部长江沿岸和北部，潮沙泥土分布于长江沿岸附近和中心城区东部。水稻土是黏质土，具有良好的排水性和保水性。

3.1.3　泸州市下垫面空间分布

将泸州市中心城区下垫面分为六种主要类型，即水域、林地、草地、耕地、建筑、裸地（图 3-4）。将林地和草地合并为绿地，统计中心城区不同类型下垫面占比，具体为水域 8.69%、绿地 17.46%、耕地 21.66%、建筑 52.13%、裸地 0.06%。

中心城区不透水区域主要集中于长江、沱江两江沿岸，与建成区分布基本一致，其余呈面状分散分布。水域以长江、沱江为主，其他水域分散于整个中心城区内，主要为河流、湖泊、水库等。水文要素呈现空间分布的强聚焦性，长江、沱江是泸州市水循环骨架，结合其他水系共同进行水资源调蓄。

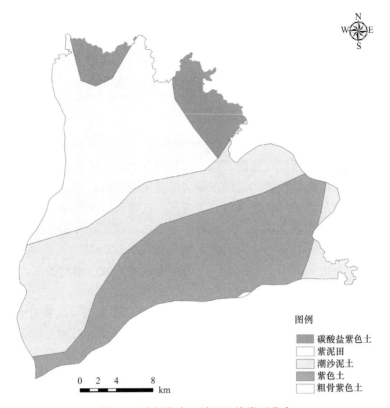

图例

- 碳酸盐紫色土
- 紫泥田
- 潮沙泥土
- 紫色土
- 粗骨紫色土

0 2 4 8
km

图 3-3 泸州市中心城区土壤类型分布

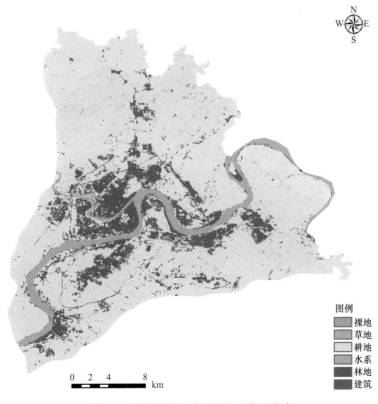

图例

- 裸地
- 草地
- 耕地
- 水系
- 林地
- 建筑

0 2 4 8
km

图 3-4 泸州市中心城区下垫面类型分布

草地零星分布于建成区内，长江两岸也多有分布。林地主要出现于丘陵山地区域，尤其是南寿山、九狮山及周边区域。草地、林地的空间分布总体较为分散且疏密不均衡，大体呈点状、面状分布。植被大体呈圆环状分布在建筑用地四周，形成天然的雨水调蓄空间。建成区内基本没有耕地，耕地主要分布在中心城区外部地区，在北部和东部分布较为集中。

3.1.4　泸州市生态格局

1.泸州市城市生态格局

泸州市中心城区内四山环绕，西侧方山、南侧南寿山、东侧芙蓉山、北侧九狮山构筑起山林生态屏障。中心城区内以长江、沱江水系为主要生态廊道，中心城区内汇入长江、沱江的河流包括八条，分别为永宁河、龙溪河、倒流河、玉带河、龙涧溪、柏木溪、渔子溪、古楼溪，共同组成多条生态廊道（图3-5）。此外，由山体、河溪、林田等生态绿地组成六条楔形绿地，长江以南有三条，基本为南寿山渗入城市指向长江，其中一条基本与倒流河重合。长江以北有三条，一条由九狮山、龙涧溪、玉带河组成渗入城市指向长江，另外两条基本与龙溪河重合，在邻近长江时分叉为两条。

中心城区内分布有众多湖泊水库以及生态公园，形成众多生态节点和雨水蓄滞空间，对城市的水循环进行调节和平衡，中心城区内多个生态节点通过街道绿廊相互联系。

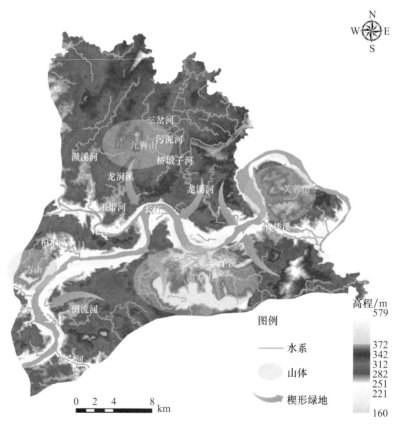

图3-5　泸州市中心城区生态格局

2.海绵城市建设分区格局

结合泸州市城市总体规划组团、现状建设等条件，将泸州市中心城区海绵城市建设划分为 10 个排水分区，即中心半岛老城分区、城西分区、龙马潭老城分区、城北分区、高坝分区、沙茜分区、城南分区、安富分区、泰安—黄舣分区、安宁—石洞分区，如图 3-6 所示。各个排水分区又划分为一些片区。

各分区集中分布于长江两岸，基本都沿江而建，组团分布，只有安宁—石洞 1 片区和安宁—石洞 2 片区单独分布，位于九狮山附近。基本所有分区都位于生态廊道及其附近，或水域附近，或楔形绿地上，分区所在地势总体较低，绕山体而建。

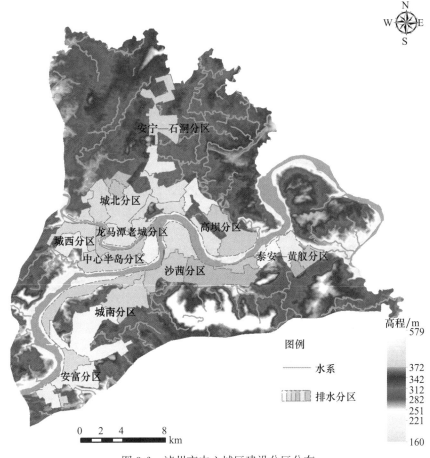

图 3-6 泸州市中心城区建设分区分布

3. 不同等级路网格局

按照泸州市一个中心主城区和三个产业新城的空间布局，形成了环形放射的道路交通形式，建立了"四横-六纵-两环-五联络"的城市路网骨架结构。内环作为综合性环线，主要解决组团间通勤交通问题；结合成自泸赤高速城区段改造为东部产业大道，建设城市交通外环线，主要解决各产业区和货运港口站场的货运交通问题；射线表现为多条干道连接中心主城和各大片区组团，各片区组团之间形成多个内部环形交通系统。

快速路路网体系可概括为"一环-两横-两纵"。"一环"环绕长江而建，被包裹于四山之间。"两横"分别位于长江南、北岸，基本与长江河岸线平行。"两纵"分别位于长江东、西岸。长江以东的快速路基本位于龙溪河生态廊道上，长江以西的快速路纵穿沱江、长江和倒流河，以及位于南寿山和长江之间的楔形绿地。主干路分布范围较广，基本分布于整个中心城区，贯穿中心城区内各生态廊道。主干路绕开四山建设，沿长江呈放射状展开，长江四周路网较为密集，离长江越远越稀疏。次干路的分布较集中，大多沿长江、沱江而建设，主要集中于沱江与长江的汇流交界处。此外，南寿山与长江之间东西向的楔形绿地干路路网也比较密集。综合来说，泸州市中心城区的干路路网西部密集，东部稀疏。支路由连通各条生活性道路的小规模道路构成，零星分布于整个中心城区，在长江、沱江交汇处较为集中。

综上所述，泸州市中心城区的生态格局可概括为"两江-四山-八河-六楔-多点"，共同构成泸州市天然的山水生态廊道及屏障。中心城区建设分区基本都沿两江而建，绕开山体，组团分布，大多位于生态廊道上或其附近。而道路交通路网根据建设分区的需求而建，总体形成环形放射的布局形式，以长江、沱江为环形中心放射展开，城市骨架交通路网满足整个中心城区的交通需求。各等级道路路网基本上也集中于长江、沱江沿线，呈环形放射式分布。

3.2 城市道路雨水系统衔接关系

城市道路雨水系统包括源头减排系统、排水管渠系统、大排水系统三个子系统。在设计合理的情况下，城市道路雨水系统的三个子系统的衔接关系主要体现在随着降雨量和降雨等级增加，各子系统参与道路雨水排放存在先后顺序。

降雨初期，源头减排系统首先参与道路雨水控制，雨水径流排入景观绿带进行下渗与净化，主要起削减径流污染和控制总量的作用。随着降雨量增大，超过源头减排系统承载能力的雨水径流，通过绿化带内的溢流口排入排水管渠系统，此时源头减排系统和排水管渠系统共同参与道路雨水排放。降雨量继续增大，超过排水管渠系统承载能力的雨水径流通过道路大排水系统排出，此时三个系统共同参与道路雨水排放（图3-7）。

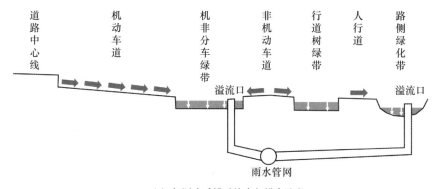

(a) 仅源头减排系统参与排水阶段

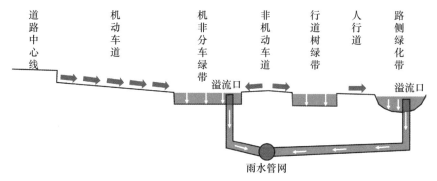

(b) 源头减排系统和排水管渠系统共同排水阶段

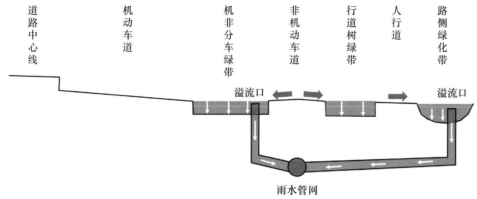

（c）道路雨水系统三个子系统共同排水阶段

图 3-7　城市道路雨水系统三个排水阶段

道路雨水系统可根据雨水系统建设情况分为四类模式：仅排水管渠系统模式；排水管渠-大排水交互系统模式；源头减排-排水管渠承接系统模式；源头减排-排水管渠-大排水综合系统模式。

仅排水管渠系统模式多数分布于支路中，支路较窄且不具备设置大排水系统的竖向条件。排水管渠-大排水交互系统模式多数分布于支路中，支路宽度较窄，没有多余空间建设源头减排设施，通过排水管渠和道路竖向排水。源头减排-排水管渠承接系统模式主要分布于平缓区域的道路，因受道路竖向条件限制不能实现道路行泄功能。源头减排-排水管渠-大排水综合系统模式主要分布于路面较宽阔的道路上，三套系统相互衔接，协同承担红线内雨水径流控制与排放的功能。

3.3　城市道路雨水系统设计流程思路

通过梳理与分析道路雨水系统的构成、子系统组合模式及系统衔接构筑物与其相关参数，提出了泸州市海绵城市建设道路雨水系统设计流程思路（图 3-8）。设计流程思路分为三个主要阶段，分别是场地评估阶段、总体方案设计阶段、优化设计阶段。

1. 场地评估阶段

场地评估阶段主要是对道路和场地基础条件的分析评估。通过对道路现场，包括项目现状的地形、地貌、地质及水文等条件进行踏勘，分析道路的交通需求、道路的红线宽度、红线外用地条件、地下水位埋深、土壤透水系数、周边水体等相关因素。根据道路交通专项规划、海绵城市专项规划和现场基础条件分析，合理确定海绵型道路建设目标及指标值。根据建设目标因地制宜选择海绵城市雨水技术设施进行初步竖向与径流组织设计，并划分汇水区。

2. 总体方案设计阶段

总体方案设计阶段主要是确定道路雨水系统组成并进行系统设计。道路雨水系统包含源头减排系统、排水管渠系统、大排水系统 3 个子系统，在道路上这些系统之间可有 4 种组合，为仅排水管渠系统、源头减排系统＋排水管渠系统、排水管渠系统＋大排水系统和源头减排系统＋排水管渠系统＋大排水系统。源头减排系统与排水管渠系统之间可通过路缘石豁口、溢流口等衔接，排水管渠系统与大排水系统之间可通过边沟、雨水口等衔接，应根据道路具体条件选择来确定雨水系统合理设计衔接的技术参数。

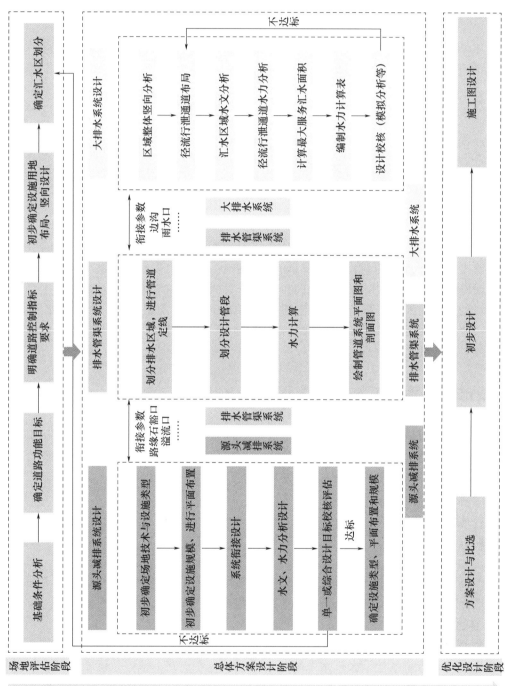

图 3-8 雨水系统设计流程

　　源头减排系统设计首先需要确定场地适用技术与设施类型，确定后计算设施规模、进行平面布置，设计雨水系统之间的衔接构筑物并确定相应技术参数。基于水文、水力分析，对单一或综合设计目标进行校核评估，若达标则可确定雨水设施的类型、平面布置和规模等；若不达标，则需返回第一阶段重新划分汇水区并进行后续设计工作，反复调整方案，直至达到设计目标为止。

　　排水管渠系统设计首先需要划分排水区域，进行管道定线。然后划分设计管段，进行水力计算，包括计算设计流速、最小管径、最小设计坡度等，根据设计结果绘制管道系统平面图和剖面图。这一阶段特别需要注意竖向高程控制及与源头设施的衔接关系。

　　大排水系统设计首先需要进行区域整体竖向分析，根据竖向条件对径流行泄通道进行整体布局。基于整体布局进行汇水区域水文分析，包括降雨资料分析、道路路网布局分析、地表排水方向校核等。确定径流行泄通道的设计重现期与暴雨强度，根据道路断面形式、纵坡等进行径流行泄通道的水力计算，校核其排水能力。根据所得结果计算径流行泄通道的最大服务汇水面积，与实际的道路汇水面积进行对比，分析是否满足要求。当地表径流行泄通道的过水能力达不到设计要求和目标时，需对纵坡、断面进行调整，或重新设计径流行泄通道，并重新进行水文、水力计算，确保满足设计要求。

3. 优化设计阶段

　　优化设计阶段主要是对设计方案的优化与图纸绘制，形成总体设计方案后，从技术、经济等方面考虑，对照设计目标及指标进行多方案比较，选择最优的设计方案。有条件时还需对设计方案进行模型校核，依据优化后的布局进行施工图绘制，施工图内容包括道路雨水设施平面、纵断面、横断面、平面交叉口、立体交叉、广场设计等各部分详细尺寸和标高，并提出施工要求及运行、维护措施等。

4 泸州市海绵型道路典型设施优化布局与景观搭配

海绵型道路雨水设施布局直接影响雨水控制技术方案效果、目标达成和成本效益。本章从典型雨水设施优化布局入手，基于数学模型对不同类型道路雨水设施布局进行模拟分析，给出不同类型雨水设施搭配方案，结合西南丘陵地区城市典型道路特点，建立四种海绵型道路设计模式，有效支撑西南丘陵地区城市道路海绵建设项目设计；结合道路项目景观设计要求和雨水设施雨水控制利用目标，提出典型海绵型道路植物景观搭配模式，为确定道路雨水设施植物搭配方案提供参考和依据。

4.1 典型雨水控制利用设施优化布局

根据泸州市包含快速路、主干路、次干路和支路在内的 13 种标准道路断面的绿地与不透水路面布局情况，基于雨洪管理模型（Storm Water Management Model，SWMM）构建了 4 种典型道路雨水系统数学模型，分别记作模型①、模型②、模型③、模型④，进行了典型道路雨水控制利用设施布局优化模拟研究。

4.1.1 道路模型概化

每种道路断面形式如本书 "2.2 泸州市道路红线内外下垫面组成" 所述，模拟路段长度为 5000m，道路周围区域共 1hm²，模拟道路雨水系统运行效能。道路模型构建见表 4-1。

表 4-1　道路模型构建

模型类型	模型构建	对应断面形式
模型①		快速路 A-1 主干路 B-5 主干路 B-6 次干路 C-1 次干路 C-2 次干路 C-3 支路
模型②		快速路 A-2 主干路 B-4

模型类型	模型构建	对应断面形式
模型③		快速路 A-3 主干路 B-1 主干路 B-2
模型④		主干路 B-3

4.1.2　模型参数设置

在模型初步构建后，参考当地基础资料和相关文献确定水文水力参数值，见表 4-2。

表 4-2　水文水力参数值

参数名称	参数符号	量纲	取值
不透水区曼宁系数	N-Imperv	—	0.02
透水区曼宁系数	N-Perv	—	0.20
不透水区初损填洼深度	Dstore-Imperv	mm	1.50
透水区初损填洼深度	Dstore-Perv	mm	3.00
无注蓄量不透水率	%Zero-Imperv	%	25.00

透水铺装是道路项目下垫面海绵化改造常用技术，生物滞留则为道路项目中常用渗滞类技术，其他常用技术如下沉式绿地、雨水花园、生态树池等，与生物滞留技术存在共同之处。因此本书选取透水铺装和生物滞留两种雨水设施作为道路雨水设施优化研究典型技术，模拟分析不同透水铺装和生物滞留的布局组合下雨水控制利用效果。基于当地基础资料和相关文献，选取两类技术模型参数，见表 4-3。

表 4-3　雨水设施基本模型参数

LID 设施处理层	基础参数	透水铺装	生物滞留
表面层	护堤高度/mm	45.00	—
	蓄水深度/mm	—	根据道路断面和布局比例确定
	表面粗糙度	0.18	0.10
	植被体积分数	0.00	0.18
	地表坡度/%	1.00	1.00

续表

LID 设施处理层	基础参数	透水铺装	生物滞留
铺装层	厚度/mm	60.00	—
	孔隙比	0.15	—
	渗透率/(mm/h)	250.00	—
	不透水地表分数	0.00	—
蓄水层	厚度/mm	350.00	200.00
	渗水率/(mm/h)	17.00	1.00
	孔隙率/%	0.48	0.75
排水层	流量系数	0.00	—
	流量指数	0.50	—
	偏移高度/mm	0.00	—
土壤层	厚度/mm	42.00	—
	孔隙率/%	0.67	0.60
	现场容量/%	—	0.20
	导水率/(mm/h)	15.00	30.00
	导水率坡度	—	10.00
	吸水头/mm	3.60	

泸州市建成区海绵城市建设的雨水年径流总量控制率目标为 75%，相应设计降雨量为 22.3mm，计算每种断面在透水铺装、生物滞留布局组合比例下生物滞留应有蓄水深度，见表 4-4。B-2 断面应有的蓄水深度和 A-3 断面相同，B-3 断面没有绿地，这两种道路断面未在表中列出。

表 4-4　模型中生物滞留蓄水深度设置

道路断面	透水铺装比例/%	绿地区域设置生物滞留比例下对应的生物滞留蓄水深度/mm 雨水年径流总量控制率									
		10%	20%	30%	40%	50%	60%	70%	80%	90%	100%
A-1	10	46.66	93.32	139.99	186.65	233.31	279.97	326.64	373.30	419.96	466.62
	20	42.77	85.53	128.30	171.06	213.83	256.60	299.36	342.13	384.89	427.66
	30	38.87	77.74	116.61	155.48	194.35	233.22	272.09	310.96	349.83	388.70
	40	34.97	69.95	104.92	139.89	174.87	209.84	244.81	279.79	314.76	349.74
	50	31.08	62.15	93.23	124.31	155.39	186.46	217.54	248.62	279.70	310.77
	60	27.18	54.36	81.54	108.72	135.91	163.09	190.27	217.45	244.63	271.81
	70	23.28	46.57	69.85	93.14	116.42	139.71	162.99	186.28	209.56	232.85
	80	19.39	38.78	58.17	77.55	96.94	116.33	135.72	155.11	174.50	193.89
	90	15.49	30.98	46.48	61.97	77.46	92.95	108.45	123.94	139.43	154.92
	100	11.60	23.19	34.79	46.38	57.98	69.58	81.17	92.77	104.36	115.96
A-2	10	14.07	28.14	42.22	56.29	70.36	84.43	98.50	112.58	126.65	140.72
	20	12.93	25.85	38.78	51.70	64.63	77.55	90.48	103.40	116.33	129.25

续表

道路断面	透水铺装比例/%	绿地区域设置生物滞留比例下对应的生物滞留蓄水深度/mm									
		雨水年径流总量控制率									
		10%	20%	30%	40%	50%	60%	70%	80%	90%	100%
A-2	30	11.78	23.56	35.33	47.11	58.89	70.67	82.45	94.22	106.00	117.78
	40	10.63	21.26	31.89	42.52	53.15	63.78	74.41	85.04	95.67	106.30
	50	9.48	18.97	28.45	37.93	47.42	56.90	66.38	75.86	85.35	94.83
	60	8.34	16.67	25.01	33.34	41.68	50.02	58.35	66.69	75.02	83.36
	70	7.19	14.38	21.56	28.75	35.94	43.13	50.32	57.50	64.69	71.88
	80	6.04	12.08	18.12	24.16	30.21	36.25	42.29	48.33	54.37	60.41
	90	4.89	9.79	14.68	19.58	24.47	29.36	34.26	39.15	44.05	48.94
	100	3.75	7.49	11.24	14.98	18.73	22.48	26.22	29.97	33.71	37.46
A-3	10	14.58	29.16	43.74	58.32	72.90	87.48	102.06	116.64	131.22	145.80
	20	13.39	26.78	40.17	53.56	66.95	80.34	93.73	107.12	120.51	133.90
	30	12.20	24.40	36.60	48.80	61.00	73.19	85.39	97.59	109.79	121.99
	40	11.01	22.02	33.02	44.03	55.04	66.05	77.06	88.06	99.07	110.08
	50	9.82	19.64	29.45	39.27	49.09	58.91	68.73	78.54	88.36	98.18
	60	8.63	17.25	25.88	34.51	43.14	51.76	60.39	69.02	77.64	86.27
	70	7.44	14.87	22.31	29.75	37.19	44.62	52.06	59.50	66.93	74.37
	80	6.25	12.49	18.74	24.98	31.23	37.48	43.72	49.97	56.21	62.46
	90	5.06	10.11	15.17	20.22	25.28	30.34	35.39	40.45	45.50	50.56
	100	3.87	7.73	11.60	15.46	19.33	23.19	27.06	30.92	34.79	38.65
B-1	10	17.67	35.35	53.02	70.70	88.37	106.04	123.72	141.39	159.07	176.74
	20	16.22	32.45	48.67	64.89	81.12	97.34	113.56	129.78	146.01	162.23
	30	14.77	29.54	44.31	59.08	73.86	88.63	103.40	118.17	132.94	147.71
	40	13.32	26.64	39.96	53.28	66.60	79.91	93.23	106.55	119.87	133.19
	50	11.87	23.73	35.60	47.47	59.34	71.20	83.07	94.94	106.80	118.67
	60	10.42	20.83	31.25	41.66	52.08	62.50	72.91	83.33	93.74	104.16
	70	8.96	17.93	26.89	35.86	44.82	53.78	62.75	71.71	80.68	89.64
	80	7.51	15.02	22.54	30.05	37.56	45.07	52.58	60.10	67.61	75.12
	90	6.06	12.12	18.18	24.24	30.30	36.36	42.42	48.48	54.54	60.60
	100	4.61	9.22	13.83	18.44	23.05	27.65	32.26	36.87	41.48	46.09
B-4	10	14.07	28.14	42.22	56.29	70.36	84.43	98.50	112.58	126.65	140.72
	20	12.93	25.85	38.78	51.70	64.63	77.55	90.48	103.40	116.33	129.25
	30	11.78	23.56	35.33	47.11	58.89	70.67	82.45	94.22	106.00	117.78
	40	10.63	21.26	31.89	42.52	53.15	63.78	74.41	85.04	95.67	106.30
	50	9.48	18.97	28.45	37.93	47.42	56.90	66.38	75.86	85.35	94.83
	60	8.34	16.67	25.01	33.34	41.68	50.02	58.35	66.69	75.02	83.36
	70	7.19	14.38	21.56	28.75	35.94	43.13	50.32	57.50	64.69	71.88

续表

道路断面	透水铺装比例/%	绿地区域设置生物滞留比例下对应的生物滞留蓄水深度/mm								
		雨水年径流总量控制率								
		10%	20%	30%	40%	50%	60%	70%	80%	90%	100%
B-4	80	6.04	12.08	18.12	24.16	30.21	36.25	42.29	48.33	54.37	60.41
	90	4.89	9.79	14.68	19.58	24.47	29.36	34.26	39.15	44.05	48.94
	100	3.75	7.49	11.24	14.98	18.73	22.48	26.22	29.97	33.71	37.46
B-5	10	17.96	35.92	53.88	71.84	89.80	107.75	125.71	143.67	161.63	179.59
	20	16.48	32.97	49.45	65.94	82.42	98.90	115.39	131.87	148.36	164.84
	30	15.01	30.02	45.03	60.04	75.05	90.05	105.06	120.07	135.08	150.09
	40	13.53	27.07	40.60	54.14	67.67	81.20	94.74	108.27	121.81	135.34
	50	12.06	24.12	36.18	48.24	60.30	72.35	84.41	96.47	108.53	120.59
	60	10.58	21.17	31.75	42.34	52.92	63.50	74.09	84.67	95.26	105.84
	70	9.11	18.22	27.32	36.43	45.54	54.65	63.76	72.86	81.97	91.08
	80	7.63	15.27	22.90	30.53	38.17	45.80	53.43	61.06	68.70	76.33
	90	6.16	12.32	18.47	24.63	30.79	36.95	43.11	49.26	55.42	61.58
	100	4.68	9.37	14.05	18.73	23.42	28.10	32.78	37.46	42.15	46.83
B-6	10	13.31	26.62	39.93	53.24	66.55	79.85	93.16	106.47	119.78	133.09
	20	12.23	24.45	36.68	48.90	61.13	73.36	85.58	97.81	110.03	122.26
	30	11.14	22.29	33.43	44.58	55.72	66.86	78.01	89.15	100.30	111.44
	40	10.06	20.12	30.19	40.25	50.31	60.37	70.43	80.50	90.56	100.62
	50	8.98	17.96	26.94	35.92	44.90	53.87	62.85	71.83	80.81	89.79
	60	7.90	15.79	23.69	31.59	39.49	47.38	55.28	63.18	71.07	78.97
	70	6.82	13.63	20.45	27.26	34.08	40.89	47.71	54.52	61.34	68.15
	80	5.73	11.47	17.20	22.93	28.67	34.40	40.13	45.86	51.60	57.33
	90	4.65	9.30	13.95	18.60	23.25	27.90	32.55	37.20	41.85	46.50
	100	3.57	7.14	10.70	14.27	17.84	21.41	24.98	28.54	32.11	35.68
C-1	10	29.97	59.95	89.92	119.89	149.87	179.84	209.81	239.78	269.76	299.73
	20	27.49	54.97	82.46	109.94	137.43	164.91	192.40	219.88	247.37	274.85
	30	25.00	49.99	74.99	99.99	124.99	149.98	174.98	199.98	224.97	249.97
	40	22.51	45.02	67.53	90.04	112.55	135.05	157.56	180.07	202.58	225.09
	50	20.02	40.04	60.06	80.08	100.11	120.13	140.15	160.17	180.19	200.21
	60	17.53	35.07	52.60	70.13	87.67	105.20	122.73	140.26	157.80	175.33
	70	15.05	30.09	45.14	60.18	75.23	90.28	105.32	120.37	135.41	150.46
	80	12.56	25.12	37.67	50.23	62.79	75.35	87.91	100.46	113.02	125.58
	90	10.07	20.14	30.21	40.28	50.35	60.42	70.49	80.56	90.63	100.70
	100	7.58	15.16	22.75	30.33	37.91	45.49	53.07	60.66	68.24	75.82
C-2	10	26.26	52.52	78.77	105.03	131.29	157.55	183.81	210.06	236.32	262.58
	20	24.08	48.17	72.25	96.34	120.42	144.50	168.59	192.67	216.76	240.84

道路断面	透水铺装比例/%	绿地区域设置生物滞留比例下对应的生物滞留蓄水深度/mm									
		雨水年径流总量控制率									
		10%	20%	30%	40%	50%	60%	70%	80%	90%	100%
C-2	30	21.91	43.82	65.73	87.64	109.55	131.46	153.37	175.28	197.19	219.10
	40	19.74	39.47	59.21	78.94	98.68	118.42	138.15	157.89	177.62	197.36
	50	17.56	35.12	52.68	70.24	87.81	105.37	122.93	140.49	158.05	175.61
	60	15.39	30.77	46.16	61.55	76.94	92.32	107.71	123.10	138.48	153.87
	70	13.21	26.43	39.64	52.85	66.07	79.28	92.49	105.70	118.92	132.13
	80	11.04	22.08	33.12	44.16	55.20	66.23	77.27	88.31	99.35	110.39
	90	8.86	17.73	26.59	35.46	44.32	53.18	62.05	70.91	79.78	88.64
	100	6.69	13.38	20.07	26.76	33.45	40.14	46.83	53.52	60.21	66.90
C-3	10	22.54	45.08	67.62	90.16	112.70	135.24	157.78	180.32	202.86	225.40
	20	20.68	41.36	62.04	82.72	103.40	124.08	144.76	165.44	186.12	206.80
	30	18.82	37.64	56.46	75.28	94.10	112.91	131.73	150.55	169.37	188.19
	40	16.96	33.92	50.88	67.84	84.80	101.75	118.71	135.67	152.63	169.59
	50	15.10	30.20	45.30	60.40	75.50	90.59	105.69	120.79	135.89	150.99
	60	13.24	26.48	39.72	52.96	66.20	79.43	92.67	105.91	119.15	132.39
	70	11.38	22.76	34.14	45.52	56.90	68.27	79.65	91.03	102.41	113.79
	80	9.52	19.04	28.55	38.07	47.59	57.11	66.63	76.14	85.66	95.18
	90	7.66	15.32	22.97	30.63	38.29	45.95	53.61	61.26	68.92	76.58
	100	5.80	11.60	17.39	23.19	28.99	34.79	40.59	46.38	52.18	57.98
支路	10	39.17	78.35	117.52	156.70	195.87	235.04	274.22	313.39	352.57	391.74
	20	35.91	71.82	107.74	143.65	179.56	215.47	251.38	287.30	323.21	359.12
	30	32.65	65.30	97.95	130.60	163.25	195.89	228.54	261.19	293.84	326.49
	40	29.39	58.77	88.16	117.55	146.94	176.32	205.71	235.10	264.48	293.87
	50	26.12	52.25	78.37	104.50	130.62	156.74	182.87	208.99	235.12	261.24
	60	22.86	45.72	68.59	91.45	114.31	137.17	160.03	182.90	205.76	228.62
	70	19.60	39.20	58.80	78.40	98.00	117.59	137.19	156.79	176.39	195.99
	80	16.34	32.67	49.01	65.35	81.69	98.02	114.36	130.70	147.03	163.37
	90	13.07	26.15	39.22	52.30	65.37	78.44	91.52	104.59	117.67	130.74
	100	9.81	19.62	29.44	39.25	49.06	58.87	68.68	78.50	88.31	98.12

4.1.3 降雨条件设置

利用 P-Ⅲ型曲线对泸州市纳溪站点 1991—2020 年共 30 年的年降雨量数据进行拟合，计算样本均值、变差系数、偏态系数和倍比系数，得到水文适线（图 4-1）。分别计算降雨频率 $P=25\%$、$P=50\%$ 和 $P=75\%$ 对应的年降雨量，确定枯水年为 1999 年，平水年为 2003 年，丰水年为 2017 年。

选取 1min 精度的平水年 2003 年全年长期降雨数据制作模型模拟降雨情境设置（图 4-2）。

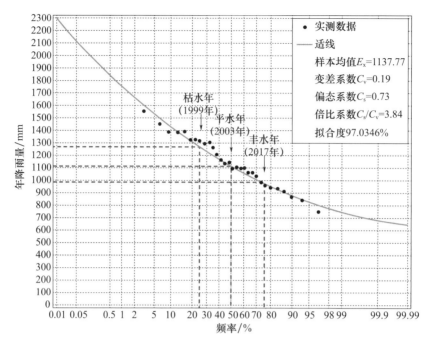

图 4-1 典型水文年 P-Ⅲ型曲线

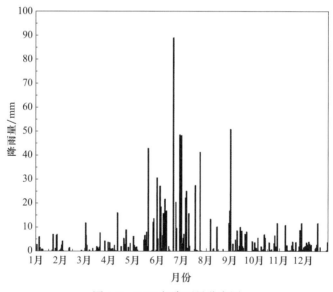

图 4-2 2003 年降雨量分布图

4.1.4 雨水设施比例与径流量削减率关系曲线建立

通过对模拟结果进行统计分析，得到各等级道路在生物滞留和透水铺装不同比例组合下的径流量削减率（表4-5）。尽管本书提出的关系曲线是在特定城市道路断面形式和特定雨水年径流总量控制率目标条件下得到的结果，但可为泸州市海绵型道路设计中根据年径流总量控制率设计目标确定雨水设施组合适宜比例提供参考和依据，同时本书提出的这一分析方法也可为其他城市海绵城市建设提供方法参考和借鉴。

表 4-5　生物滞留比例-透水铺装比例-径流量削减率关系

道路类型	断面形式	生物滞留比例-透水铺装比例-径流量削减率关系图
快速路	A-1 50m	
	A-2 40m	
	A-3 50m	

道路类型	断面形式	生物滞留比例-透水铺装比例-径流量削减率关系图
主干路	B-1 60m	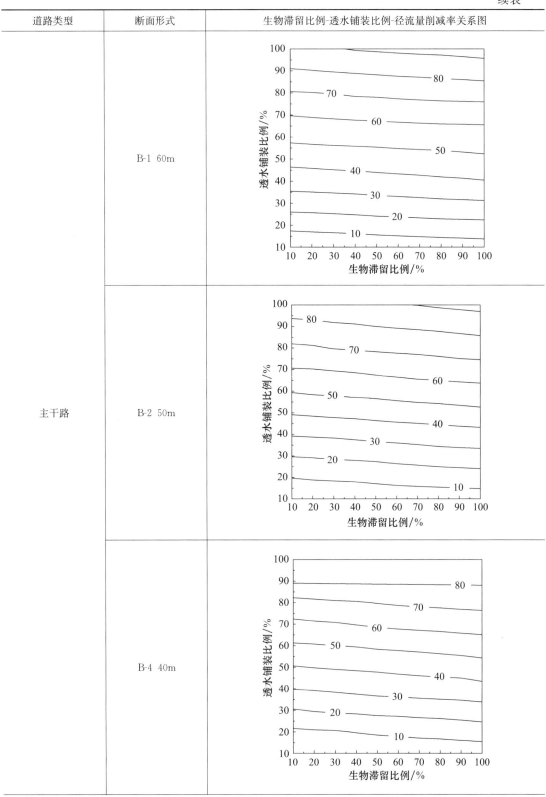
	B-2 50m	
	B-4 40m	

道路类型	断面形式	生物滞留比例-透水铺装比例-径流量削减率关系图
主干路	B-5 40m	
	B-6 30m	
次干路	C-1 32m	

续表

道路类型	断面形式	生物滞留比例-透水铺装比例-径流量削减率关系图
次干路	C-2 28m	
	C-3 24m	
支路	14-20m	

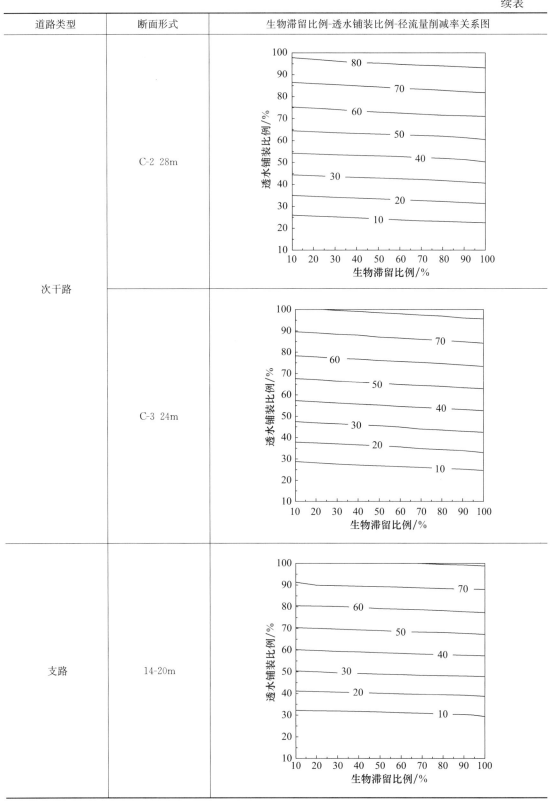

注：主干路 B-3 40.0m 断面红线内绿地宽度为 0。

4.2　泸州市海绵型道路设计模式

泸州市作为典型西南丘陵地区城市，其道路设计本身具有显著不同于其他类型城市的特点，同时考虑其海绵城市建设需求，在海绵化改造设计中可归纳为径流控制模式、沿山道路模式、高架路桥模式和地下通道模式四类典型设计模式。

4.2.1　径流控制模式

径流控制模式主要针对泸州市纵坡大、径流量大和径流污染严重的特点提出，并可结合道路绿地空间布局和丰富程度，进一步细分为缺少绿地空间和绿地空间充足两种情况。

1. 缺少绿地空间

在缺少绿地空间的情况下，道路铺装尽量采用透水铺装，充分利用排水管渠系统和大排水系统完成海绵城市建设目标。图 4-3 给出了该种模式断面示意图和技术流程图，图 4-4 给出了泸州市中心城区适用该种模式的道路路段分布。

2. 绿地空间充足

在绿地空间充足的情况下，当道路海绵化设计时有充足绿地空间来建设源头减排设施时，通过源头减排系统、排水管渠系统、大排水系统共同完成道路径流控制目标。根据道路两侧衔接下垫面类型又可分为三种情形：道路两侧为建筑、道路两侧为绿地、道路两侧为水域。图 4-5、图 4-6 和图 4-7 分别给出了三种情形下典型断面示意图和技术流程图。图 4-8 给出了泸州市中心城区适用该种模式的道路路段分布。

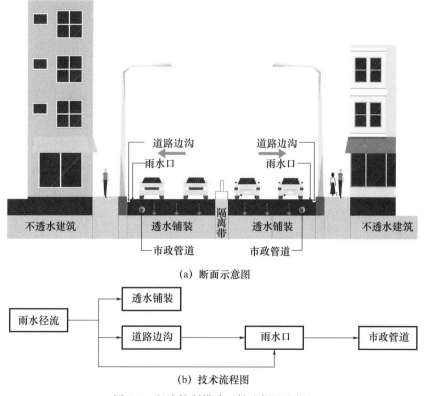

(a) 断面示意图

(b) 技术流程图

图 4-3　径流控制模式（缺少绿地空间）

图 4-4　径流控制模式（缺少绿地空间）适用道路分布

（1）道路两侧为建筑

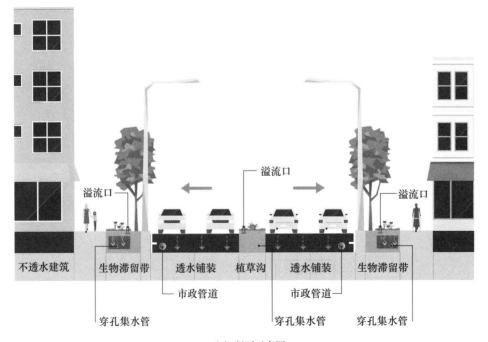

（a）断面示意图

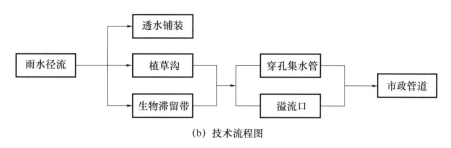

(b) 技术流程图

图 4-5 径流控制模式（绿地空间充足，道路两侧为建筑）

（2）道路两侧为绿地

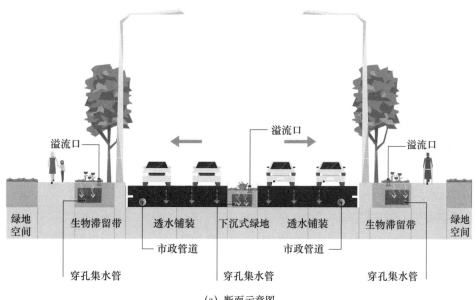

(a) 断面示意图

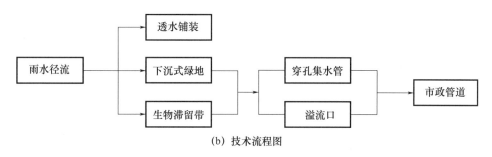

(b) 技术流程图

图 4-6 径流控制模式（绿地空间充足，道路两侧为绿地）

（3）道路两侧为水域

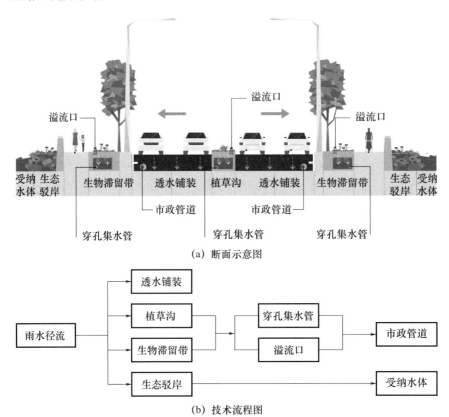

(a) 断面示意图

(b) 技术流程图

图 4-7　径流控制模式（绿地空间充足，道路两侧为水域）

图例

径流控制模式
（绿地空间充足）适用道路

图 4-8　径流控制模式（绿地空间充足）适用道路分布

4.2.2 沿山道路模式

沿山道路模式针对泸州市山地丘陵多、沿山道路行泄压力大的特点提出，可根据道路实际情况合理采用透水铺装，采用截水沟截留山坡径流，采用道路排水沟排水。图 4-9 给出了该种模式典型断面示意图和技术流程图，图 4-10 给出了泸州市中心城区适用该种模式的道路路段分布。

4.2.3 高架路桥模式

高架路桥模式是针对西南丘陵地区城市地形起伏大、高架路桥等立体交通方式采用较多等特点而提出的，根据桥下是否有行车道还可进一步细分，当高架路桥下无行车道时，可考虑设置雨水净化、雨水渗透设施，高架路桥的雨水经初步净化或初期弃流后排入雨水渗透设施，超过渗透能力时径流通过排水管渠排放；当高架路桥下有行车道时，可设置雨水箱、雨水渗透设施，高架路桥的雨水径流进入雨水箱中进行收集利用。图 4-11 和图 4-12 分别给出了两种情形下的断面示意图和技术流程图，图 4-13 给出了泸州市中心城区适用该种模式的道路路段分布。

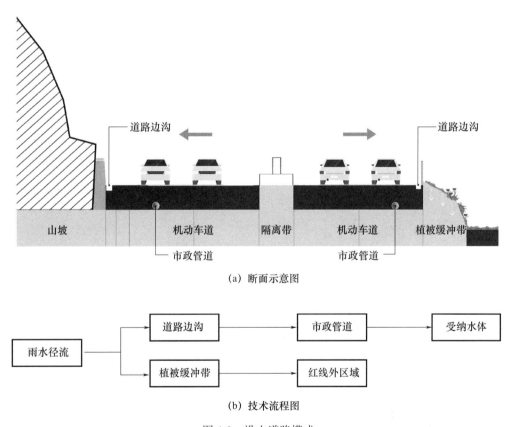

(a) 断面示意图

(b) 技术流程图

图 4-9 沿山道路模式

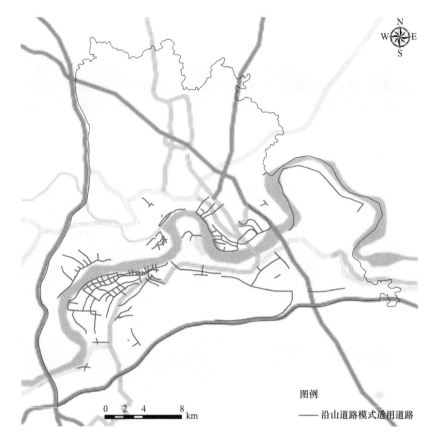

图 4-10 沿山道路模式适用道路分布

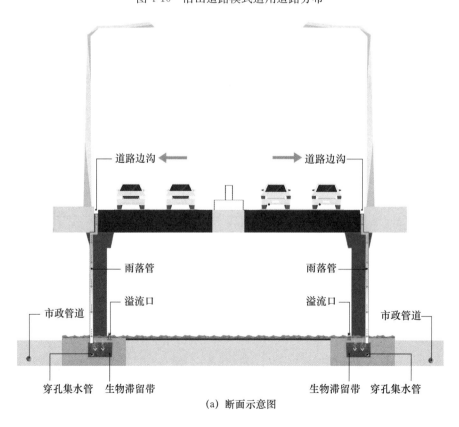

(a) 断面示意图

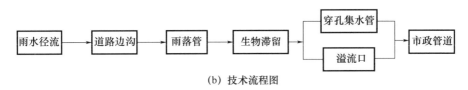

(b) 技术流程图

图 4-11 高架路桥模式（桥下无行车道）

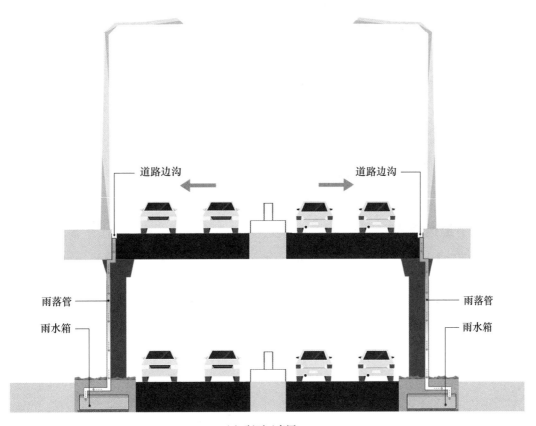

(a) 断面示意图

(b) 技术流程图

图 4-12 高架路桥模式（桥下有行车道）

图 4-13　高架路桥模式适用道路分布

4.2.4　地下通道模式

地下通道模式是针对泸州市地下空间交通的特点提出的，包括下穿道、隧道等道路形式。这种模式需要在地下空间出入口处设计截水沟或集水坑，同时设计反向纵坡，形成排水驼峰，防止雨水径流流入地下空间。图 4-14 给出了该模式断面示意图和技术流程图，图 4-15 给出了泸州市中心城区适用该种模式的道路路段分布。

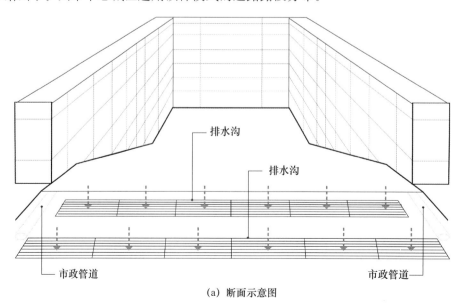

（a）断面示意图

（b）技术流程图

图 4-14　地下通道模式

图 4-15　地下通道模式适用道路分布

4.3　典型道路雨水设施景观搭配方案

4.3.1　海绵型道路植物搭配模式

　　植物是生态型雨水设施实现雨水控制功能的重要组成部分，更是实现生态型雨水设施景观功能的重要途径。根据设施适用植物类型和搭配组合，海绵型道路植物搭配模式分为乔木型、乔草型、灌草型、乔灌型、乔灌草型 5 种主要模式。

　　1. 乔木型模式

　　乔木型模式仅采用乔木，乔木种类可根据区域特点和景观需求进行选择，适用于绿化空间有限的城市支路，道路两侧只有行道树绿带或树池。

2. 乔草型模式

乔草型模式采用乔木与草本植物相配合的方式，视野通透、疏朗大气，适用于空间有限的城市道路。

3. 灌草型模式

灌草型模式上层种植灌木，下层种植草坪或地被，造型整齐，灌木和草本可结合花色季相变化进行搭配，适用于道路较窄、绿地面积小的城市道路。

4. 乔灌型模式

乔灌型模式上层栽种乔木，下层种植灌木，可为花灌木、绿篱、灌球等形式，简洁利落、层次分明，增加景观和季相变化。

5. 乔灌草型模式

乔灌草型模式采用高层乔木、中层灌木、下层草本的搭配形式，层次最为丰富，可结合花叶形营造出观赏效果极佳的景观氛围，适用于道路较宽、绿地面积大的城市道路。

4.3.2　不同断面道路植物搭配组合形式

对于不同断面形式道路，其植物搭配除按照上述五种模式进行选择外，还应根据道路断面形式统筹考虑植物搭配组合形式，具体包括一板两带式、两板三带式、三板四带式和四板五带式等形式。

1. 一板两带式

该断面形式只在道路两侧栽种树形高大、冠形优美的行道树，往往出现在路宽较小的城市支路中。

2. 两板三带式

该断面形式由中央绿化带将路面分为两个板块行车道，道路两侧种植行道树，形成三条绿化带。中央绿化带可选择小乔木、灌木、草本，不能遮挡视线，分隔车流；行道树常选择冠幅较大的乔木。

3. 三板四带式

该断面形式在城市道路中应用最广泛，包含三条行车道和四条绿化带，绿化带为两条机非分车绿带和两条行道树绿带。机非分车绿带可采用规整式的灌木，行道树选用大乔木。

4. 四板五带式

该断面形式包含四条行车道和五条绿化带，绿化带分别为一条中央绿化带、两条机非分车绿带和两条行道树绿带。该道路交通效率和景观效益较高，常作为景观大道展示城市形象。

4.3.3　植物配置形式

1. 植物冠层雨水截留能力分析指数

植物冠层雨水截留量是指植物冠层一次或多次对降雨进行阻隔的雨水量。雨水截留率是指植物冠层雨水截留量与降雨量的比值。植物冠层雨水截留量计算公式如下：

$$I=P-T-S \qquad (4-1)$$

式中，I 为植物冠层雨水截留量；P 为降雨量；T 为穿透雨量；S 为植物茎流量。

植物茎流量的值比较小，一般为降雨量的 3% 以下，基本可忽略不计。群落冠层雨水截留能力可按照下式计算：

$$V_i = \sum k_i \cdot p_i \tag{4-2}$$

式中，V_i 为第 i 种场地群落总冠层雨水截留量；k_i 为第 i 种物种单次冠层雨水截留量；p_i 为第 i 种物种在场地内的冠层覆盖比例。

2. 植物物种多样性指数

选取物种丰富度指数、综合香农-维纳（Shannon-Weiner）多样性指数和 Pielou 均匀度指数等 3 个指数来表达植物物种多样性情况。物种丰富度指数即每条道路上的植物种类总数，利用香农-维纳多样性指数、Pielou 均匀度指数计算每条道路上乔、灌、草三层的综合多样性指数和均匀度指数。

香农-维纳多样性指数是反映了个体出现紊乱和不确定性的指标，不确定性越高，多样性越高；Pielou 均匀度指数反映了各个物种个体数目分配的均匀程度，可表达多样性物种的分布均匀性或者种类的平衡状态。

香农-维纳多样性指数：

$$H = -\sum (p_i) \cdot \ln(p_i) \tag{4-3}$$

Pielou 均匀度指数：

$$J = \left(-\sum (p_i \cdot \ln p_i)\right)/\ln S \tag{4-4}$$

式中：S 为物种数目；P_i 为物种 i 在总样本中的比例；$p_i = n_i/N$，表明第 i 个物种的相对多度；n_i 为第 i 个种的个体数目；N 为群落中所有种的个体总数。

按照不同道路断面形式和植物配置模式的对应关系，可得不同类型道路植物搭配组合具体形式，表 4-6 给出了各种断面道路植物搭配组合形式平面示意图。

表 4-6　不同断面道路植物搭配组合形式平面示意图

断面形式	植物配置模式	指数	平面示意图
一板两带式	乔木型	物种丰富度指数：1.00 香农-维纳多样性指数：0 Pielou 均匀度指数：0	乔木
	乔灌型	物种丰富度指数：2.00 香农-维纳多样性指数：0.44 Pielou 均匀度指数：0.63	乔木 灌木

续表

断面形式	植物配置模式	指数	平面示意图
一板两带式	乔草型	物种丰富度指数：2.00 香农-维纳多样性指数：0.09 Pielou 均匀度指数：0.13	乔木 草本
两板三带式	乔灌型＋灌草型	物种丰富度指数：5.00 香农-维纳多样性指数：0.88 Pielou 均匀度指数：0.55	乔木 灌木 灌木球 草本
	乔灌型＋乔灌草型	物种丰富度指数：5.00 香农-维纳多样性指数：0.77 Pielou 均匀度指数：0.48	乔木 灌木 灌木球 草本 小乔木
	乔草型＋灌草型	物种丰富度指数：5.00 香农-维纳多样性指数：0.86 Pielou 均匀度指数：0.53	乔木 灌木 灌木球 草本
	乔草型＋乔灌草型	物种丰富度指数：6.00 香农-维纳多样性指数：0.85 Pielou 均匀度指数：0.47	乔木 灌木 灌木球 草本 小乔木

断面形式	植物配置模式	指数	平面示意图
两板一带式	乔灌草型＋灌草型	物种丰富度指数：7.00 香农-维纳多样性指数：1.01 Pielou均匀度指数：0.52	乔木 灌木 灌木球 草本
	乔灌草型＋ 乔灌草型	物种丰富度指数：8.00 香农-维纳多样性指数：1.04 Pielou均匀度指数：0.50	乔木 灌木 灌木球 草本 小乔木
三板四带式	乔灌型＋灌草型	物种丰富度指数：6.00 香农-维纳多样性指数：0.67 Pielou均匀度指数：0.37	乔木 灌木 灌木球 草本
	乔灌型＋乔灌草型	物种丰富度指数：7.00 香农-维纳多样性指数：0.89 Pielou均匀度指数：0.46	乔木 灌木 灌木球 小乔木
	乔草型＋灌草型	物种丰富度指数：5.00 香农-维纳多样性指数：0.95 Pielou均匀度指数：0.59	乔木 灌木 灌木球 草本

断面形式	植物配置模式	指数	平面示意图
三板四带式	乔草型＋乔灌草型	物种丰富度指数：6.00 香农-维纳多样性指数：1.10 Pielou 均匀度指数：0.61	乔木 灌木 灌木球 小乔木
	乔灌草型＋灌草型	物种丰富度指数：6.00 香农-维纳多样性指数：1.06 Pielou 均匀度指数：0.59	乔木 灌木 灌木球 草本
	乔灌草型＋乔灌草型	物种丰富度指数：8.00 香农-维纳多样性指数：1.42 Pielou 均匀度指数：0.68	乔木 灌木 灌木球 小乔木
四板五带式	乔灌型＋灌草型＋灌草型	物种丰富度指数：9.00 香农-维纳多样性指数：1.44 Pielou 均匀度指数：0.66	乔木 灌木 灌木球 草本
	乔灌型＋灌草型＋乔灌草型	物种丰富度指数：10.00 香农-维纳多样性指数：1.54 Pielou 均匀度指数：0.67	乔木 灌木 灌木球 小乔木

断面形式	植物配置模式	指数	平面示意图
四板五带式	乔灌型＋乔灌草型＋灌草型	物种丰富度指数：10.00 香农-维纳多样性指数：1.22 Pielou 均匀度指数：0.56	乔木 灌木 灌木球 小乔木
	乔灌型＋乔灌草型＋乔灌草型	物种丰富度指数：11.00 香农-维纳多样性指数：1.69 Pielou 均匀度指数：0.70	乔木 灌木 灌木球 小乔木
	乔草型＋灌草型＋灌草型	物种丰富度指数：9.00 香农-维纳多样性指数：1.19 Pielou 均匀度指数：0.54	乔木 灌木 灌木球 草本
	乔草型＋灌草型＋乔灌草型	物种丰富度指数：10.00 香农-维纳多样性指数：1.78 Pielou 均匀度指数：0.77	乔木 灌木 灌木球 小乔木
	乔草型＋乔灌草型＋灌草型	物种丰富度指数：11.00 香农-维纳多样性指数：1.65 Pielou 均匀度指数：0.69	乔木 灌木 灌木球 小乔木

续表

断面形式	植物配置模式	指数	平面示意图
四板五带式	乔草型＋乔灌草型＋乔灌草型	物种丰富度指数：12.00 香农-维纳多样性指数：2.16 Pielou 均匀度指数：0.87	乔木 灌木 灌木球 小乔木

3. 植物配置综合评价

道路绿化的植物配置评价是多因子共同作用的评价过程，采用综合评价指数法，即基于不同植物配置模式的各种特征对其成分进行评价，最终获得植物配置整体效果的质量分数，能够更加直观地反映道路绿化在各方面的优劣，可根据结果提出优化道路植物配置的针对性建议。

首先进行评价因子的筛选。对近年来相关文献进行梳理，龙佳等以 LID 设施植物群落为研究对象，从植物生态习性、雨水功能性与观赏性三方面构建评价体系；韩君伟则基于海绵城市建设需求选取了观赏特性、生态特性、环保特性对雨水花园植物进行综合评价；黄安文等用植物物种多样性、植物生长型结构、植物配置空间、植物季相丰富度、植物配置韵律感以及植物与整体环境的协调性等 6 项指标作为评价因子，建立自贡市道路植物配置综合评价体系。综合比较各指标在泸州市的适用性，本书采用植物截水性、植物物种多样性、植物空间配置特性、生态效益性 4 项评价指标。植物截水性主要参考群落冠层雨水截留能力，植物物种多样性可参考物种丰富度指数和香农-维纳多样性指数，植物空间配置特性主要指植物布局、层次多样性，可参考 Pielou 均匀度指数，生态效益性主要指植物的防风滞尘特性。

采用专家咨询法确定指标权重，并结合泸州市道路绿化建设的实际情况，得到道路植物配置各评价因子的权值，并对各评价因子打分，满分为 5 分（表 4-7）。

表 4-7　道路植物配置评价因子及权值

评价因子	权值
植物截水性	0.28
植物物种多样性	0.22
植物空间配置特性	0.24
生态效益性	0.26

综合评价指数法公式如下：

$$B=\sum X_i F_i \tag{4-5}$$

式中，B 为道路植物配置综合评价指数；X_i 表示某一评价因子的权值；F_i 表示道路植物配置在某评价因子下的得分。

道路植物配置质量分数 M 计算公式为：

$$M=\frac{B}{B'}\times100\%\qquad(4\text{-}6)$$

式中，B' 为理想道路植物配置综合评价指数，满分为 5 分。

道路植物配置质量分级的标准如下（表 4-8）：Ⅰ 级（75%＜M≤100%），道路绿化整体效果优秀；Ⅱ 级（65%＜M≤75%），道路绿化整体效果良好；Ⅲ 级（55%＜M≤65%），道路绿化整体效果一般；Ⅳ 级（M≤55%），道路绿化整体效果差。

表 4-8 不同断面道路植物配置综合评价指数

道路断面	植物搭配模式	B_1	B_2	B_3	B_4	$\sum B_j$	质量分数/%	级别
一板两带式	乔木型	0.28	0.22	0.24	0.26	1.00	20	Ⅳ
	乔灌型	0.56	0.44	0.68	0.52	2.20	44	Ⅳ
	乔草型	0.28	0.22	0.48	0.52	1.50	30	Ⅳ
两板三带式	乔灌型＋灌草型	0.84	0.66	0.72	0.78	3.00	60	Ⅲ
	乔灌型＋乔灌草型	0.84	0.77	0.72	0.91	3.24	65	Ⅲ
	乔草型＋灌草型	0.56	0.66	0.72	0.83	2.77	55	Ⅳ
	乔草型＋乔灌草型	0.56	0.77	0.72	0.85	2.90	58	Ⅲ
	乔灌草型＋灌草型	0.84	0.77	0.75	0.88	3.24	65	Ⅲ
	乔灌草型＋乔灌草型	1.06	0.79	0.76	0.76	3.37	67	Ⅱ
三板四带式	乔灌型＋灌草型	1.01	0.57	0.62	0.75	2.95	59	Ⅲ
	乔灌型＋乔灌草型	0.98	0.66	0.70	0.89	3.23	65	Ⅲ
	乔草型＋灌草型	0.89	0.55	0.75	0.84	3.03	61	Ⅲ
	乔草型＋乔灌草型	1.06	0.68	0.78	0.88	3.40	68	Ⅱ
	乔灌草型＋灌草型	1.12	0.65	0.75	0.79	3.31	66	Ⅱ
	乔灌草型＋乔灌草型	1.26	0.90	0.96	0.98	4.10	82	Ⅰ
四板五带式	乔灌型＋灌草型＋灌草型	1.06	0.95	0.97	1.01	3.99	80	Ⅰ
	乔灌型＋灌草型＋乔灌草型	1.18	0.95	0.98	1.05	4.16	83	Ⅰ
	乔灌型＋乔灌草型＋灌草型	1.19	0.96	0.97	1.06	4.18	84	Ⅰ
	乔灌型＋乔灌草型＋乔灌草型	1.20	0.97	0.99	1.09	4.25	85	Ⅰ
	乔草型＋灌草型＋灌草型	0.81	0.64	0.96	1.01	3.42	68	Ⅱ
	乔草型＋灌草型＋乔灌草型	1.07	0.98	1.05	1.00	4.10	82	Ⅰ
	乔草型＋乔灌草型＋灌草型	1.08	1.03	0.96	1.10	4.17	83	Ⅰ
	乔草型＋乔灌草型＋乔灌草型	1.23	1.06	1.15	1.12	4.56	91	Ⅰ

注：B_1 为植物截水性评分；B_2 为植物物种多样性评分；B_3 为植物空间配置特性评分；B_4 为生态效益性评分。

评分较高的道路绿化形式主要是乔灌草复合式群落结构，例如四板五带式道路中绿化形式评价质量分数为 91%，其机非分车绿带、中央分车带都采用乔灌草型，行道树绿带采用乔草型配置模式。运用多种不同类型的植物进行搭配，形成了层次结构分明、立体感强的道路绿化景观，同时其截水能力也较强，因此评分较高。

评分较低的道路绿化形式普遍存在的问题为植物种类较少，配置模式单一，无法体现植物群落的层次感，且层次少也降低了对雨水的截留能力。因此，海绵型道路绿化需要运用乔灌草、乔灌、灌草等多种复合式植物群落组合，形成多层次、立体感的植物配置模式。

对于一板两带式道路，如果道路面积允许，行道树绿带宜采用乔灌型或乔草型配置模式，乔灌型综合评分更高。对于两板三带式道路，综合型评分最高的为中央分车带和行道树绿带都采用乔灌草型配置模式。对于三板四带式道路，机非分车绿带和行道树绿带都采用乔灌草型配置模式时综合评分最高，当机非分车绿带或行道树绿带采用乔灌草型模式时，综合评分也较高。四板五带式道路因其绿化带较多，综合评分都较高，且当中央分车带和机非分车绿带都采用乔灌草型，行道树绿带采用乔草型或乔灌型配置模式的形式时，综合评分最高。在进行海绵型道路设计或道路海绵化改造设计时，在满足雨水控制利用需求的基础上，可根据项目设计目标和需求优先选择综合评分较高的植物搭配模式。

4.3.4　植物搭配设计方案

通过对植物配置形式进行综合评价可以发现，灌草型、乔灌型、乔灌草型是较适宜泸州市各类道路的植物配置形式，在确定植物配置形式的基础上进一步结合具体植物搭配需求，确定具体植物搭配设计方案。

（1）灌草型

高灌木-灌木球＋草本植物或地被。

（2）乔灌型

乔木-灌木球＋绿篱。

乔木-灌木球＋地被。

乔木-花灌木-灌木球＋绿篱。

乔木-花灌木-灌木球＋地被。

（3）乔灌草型

乔木-小乔或高灌木-灌木球＋草本植物或地被。

大乔-小乔或高灌木-灌木-灌木球＋地被。

道路绿带的植物景观主要是通过对植物群落的营造，形成一定的观赏景观面。植物为景观的主体部分，对其形式的应用构成了分车带景观的整体外貌特征。通过在空间内对植物群落的连续性应用，形成一定的空间序列形式。通常可按照以下形式进行植物空间配置。

（1）疏林式

该形式可结合乔木、灌木、草本多种类型植物进行搭配，相互点缀，形成简洁自然的植物群落景观（图 4-16）。

图 4-16　疏林式植物空间配置示意图

（2）行列式

该形式主要种植树冠舒展、树形优美的行道树，下层可搭配造型整齐的绿篱或灌木球，形成简洁大气、层次分明的道路景观（图4-17）。

图4-17　行列式植物空间配置示意图

（3）阶梯式

该形式上层以高大乔木为背景，中层搭配小乔或高灌木，下层种植草本或地被，层层递进，形成阶梯式复层景观（图4-18）。

图4-18　阶梯式植物空间配置示意图

（4）圆锥式

该形式按照从高大乔木到低矮灌丛逐层过渡的形式进行搭配，形成圆锥式复层景观，具有观赏性（图4-19）。

图4-19　圆锥式植物空间配置示意图

色彩是意境创造的灵魂，人们对于色彩的情感体现是最为直接和普遍的。植物色彩是空间情感意境营造的核心元素，它以不同的色彩搭配构成道路瑰丽多彩的景观，并赋予环境不同的性格。下面推荐几种植物的色彩搭配，见表4-9。

表 4-9 推荐色彩搭配

色彩搭配	色彩主题	搭配示意图
黄（255，255，153） 绿（187，234，213）	清新自然	黄 绿
绿（187，234，213） 紫（236，220，250）	灵动雀跃	绿 紫
紫（236，220，250） 粉（252，231，234） 绿（187，234，213）	鲜明醒目	绿 紫 粉
紫（236，220，250） 黄（255，255，153） 绿（187，234，213）	雅致自然	绿 黄 紫
蓝（215，237，249） 黄（255，255，153） 绿（187，234，213）	清爽恬静	绿 黄 蓝
绿（187，234，213） 黄（255，255，153） 红（245，186，195）	愉悦轻松	绿 黄 粉

注：括号内为颜色对应 RGB 值。

综上，道路的植物搭配，考虑季相、花叶、色彩等，共同构成道路景观，可概括为"春观花夏浓荫，秋观叶冬松柏；区分冷暖色调，善用衬托对比"，即春季观赏春花，夏季树木形成浓荫景色，秋天观赏秋叶，冬天植物花叶一般都枯萎掉落，可用耐寒植物松柏梅等形成冬季观赏景观，形成四季"春融怡，夏翁郁，秋疏薄，冬暗淡"的景观特色。另外，在色彩使用中，要区分冷暖色调，根据预营造景观使用不同色调。在色彩搭配中，常用衬托色彩搭配或对比色彩搭配。

根据泸州市园林部门前期调研，泸州市现有常见园林植物 388 种，其中 70% 以上为泸州市野生植物、归化植物和驯化植物（含衍生种）。泸州市大量使用的乔木类植物有皂荚、银杏、苹婆、香樟、桂圆、蓝花楹、黄葛树、小叶榕等；在藤本灌木地被类植物的使用中，泸州市大量栽植且表现优异的本土品种，如三角梅、毛叶丁香、杜鹃等，也适量引进有本土品种的衍生种和外地优良品种，如金禾女贞、小丑火棘、红背桂、荚蒾等（表 4-10）。

表 4-10 泸州市常用植物

种类	性能	品种
乔木	耐旱	皂荚、银杏、苹婆、桂圆、蓝花楹、黄葛树、小叶榕、栾树、刺桐、槐树、柳树、桂花、红千层、夹竹、青桐、柏树等
	耐淹	柳树、芙蓉、桂花、红千层等
	耐水	香樟等
	耐寒	皂荚、小叶榕、柳树、玉兰、青桐等

种类	性能	品种
灌木	耐旱	贴梗海棠、海桐、三角梅、毛叶丁香、女贞、黄杨、火棘、红叶石楠、红花檵木、紫薇、紫荆、荚蒾、锦带花、扶桑、蔷薇、月季等
	耐淹	蔷薇等
	耐水	海桐、女贞等
	耐寒	贴梗海棠、海桐、毛叶丁香、杜鹃、女贞、黄杨、火棘、红叶石楠、珍珠梅、紫薇、荚蒾、锦带花、蔷薇、月季、山茶等
地被或草本	耐旱	佛甲草、沿阶草、细叶芒、晨光芒、斑叶芒、迎春、鸢尾、红花酢浆草、大叶仙茅、金娃娃萱草、蒲苇、紫娇花等
	耐淹	沿阶草、细叶芒、晨光芒、斑叶芒等
	耐水	银边麦冬、大吴风草、金娃娃萱草等
	耐寒	佛甲草、沿阶草、银边麦冬、细叶芒、晨光芒、斑叶芒、迎春、鸢尾、大叶仙茅、大吴风草、金娃娃萱草、蒲苇等

　　根据植物本地化特征和城市雨水控制利用设施对植物生理性能的实际需求，提出灌草型、乔灌型、乔灌草型三种植物配置形式的具体搭配实例（表4-11），可为海绵城市雨水设施植物选择提供参考。

表4-11　植物搭配方案举例

类型	方案举例	色彩搭配	植物季相
①灌草型	毛叶丁香	紫-粉-绿 颜色形成对比，明艳鲜明	毛叶丁香夏季开花，矮牵牛春季开花，海桐球四季春绿
	海桐球		
	矮牵牛		
	红花檵木	绿-黄-红 红色点缀，愉悦轻松	红花檵木花叶都呈紫红色；金叶女贞绿篱叶子随四季呈黄绿交换
	金叶女贞绿篱		
	细叶芒		
②乔灌型	蓝花楹	蓝-黄-绿 雅致自然，具有观赏性	蓝花楹为蓝色，花期5—6月，春季搭配绿色金叶女贞球和胶东卫矛可做景观大道
	金叶女贞球		
	胶东卫矛		
	银杏	黄-绿 黄绿相衬，清新自然	银杏为秋季观叶型乔木；大叶黄杨为常绿灌木
	大叶黄杨		
③乔灌草型	黄葛树	绿-红	黄葛树基本一年常绿，贴梗海棠夏季开花，与沿阶草形成三层结构
	贴梗海棠		
	沿阶草		
	小叶榕	紫-粉-绿	小叶榕是常绿乔木；月季与八宝景天花期主要在夏秋，形成鲜明醒目的景观
	月季		
	八宝景天		

5 泸州市建筑小区条件和现状解析

泸州市作为典型西南丘陵地区城市，中心城区内不同区域的建筑小区在排水分区和地形条件等方面存在显著差异，各个建筑小区同样面临着不同程度的内涝风险和雨污混接等问题。通过全面评估建筑小区地形等基本条件，系统分析建筑小区内涝发生风险，进一步研究梳理建筑小区内雨污混错接等方面的问题，可对泸州市中心城区内建筑小区实际排水条件实现全面解析，为建筑小区雨水设施选择和优化配置提供重要支撑。

5.1 泸州市建筑小区排水分区

泸州市中心城区主要由隆纳高速公路、泸渝高速公路、泸赤高速公路以及云龙机场四面围合而成，面积约 2132km²。泸州市属于长江流域，以长江为主干水系，并呈现出枝状分布形态，中心城区水系主要包含长江及其支流流域分区，分别为长江流域、沱江流域、龙涧溪流域、玉带河流域、龙溪河流域、柏木溪流域、倒流河流域、永宁河流域、渔子溪流域、古楼溪流域，众多河流分别汇入长江。中心城区十大流域分区如图 5-1 所示。

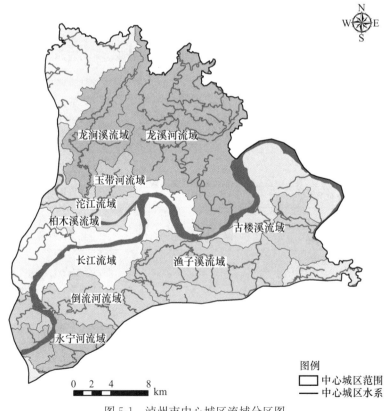

图 5-1 泸州市中心城区流域分区图

泸州市中心城区城市空间功能结构呈组团式布局，其核心为中心半岛老城分区、小市、茜草组成的复合中心，南部和北部分别配备副中心，而城北、高坝、沙茜、城南、城西、安富、泰安—黄舣、安宁—石洞八大功能组团则环绕在其周围。

结合泸州市中心城区城市空间功能布局、地势、道路、管网普查数据，泸州市中心城区排水分区如图 5-2 所示，包含城北分区 6 个子汇水片区、龙马潭老城分区 3 个子汇水片区、安宁—石洞分区 4 个子汇水片区、高坝分区 3 个子汇水片区、城西分区 2 个子汇水片区、中心半岛老城分区 3 个子汇水片区、安富分区 4 个子汇水片区、城南分区 3 个子汇水片区、沙茜分区 2 个子汇水片区，泰安—黄舣分区 6 个子汇水片区，共 36 个子汇水片区。

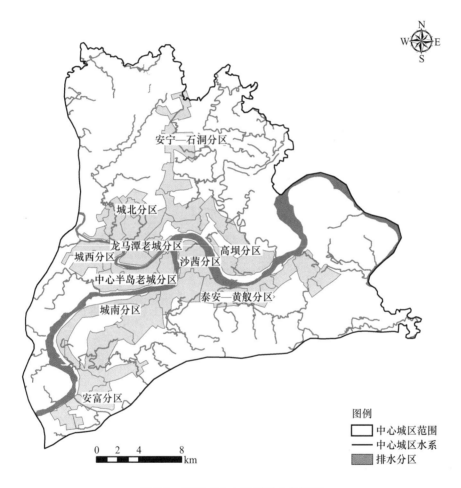

图 5-2　泸州市中心城区排水分区图

对泸州市中心城区各排水分区面积进行计算与统计，其中流域面积占比最大的是长江流域，占中心城区面积的 35.98%，其次是龙溪河流域，占比 19.50%，其他流域面积占比较小，均不足中心城区面积的 10%。各流域中子汇水片区平均面积占比最大的是倒流河流域，其余从大到小排序为渔子溪流域、龙溪河流域、玉带河流域、长江流域、柏木溪流域、永宁河流域、沱江流域、龙涧溪流域、古楼溪流域。

根据泸州市中心城区土地利用规划，识别提取中心城区建筑小区边界，绘制泸州市中心城区建筑小区分布图，如图 5-3 所示。

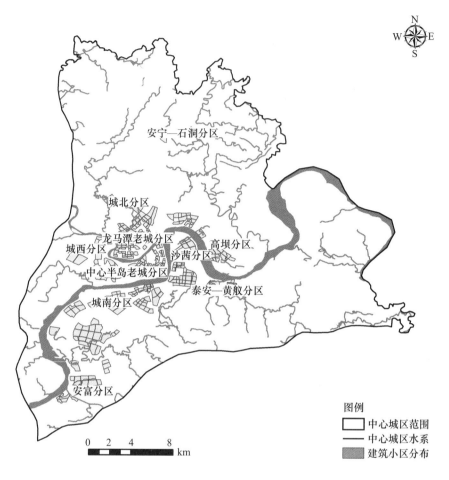

图 5-3　泸州市中心城区建筑小区分布图

5.1.1　建筑小区的数量分布

　　对泸州市中心城区建筑小区地块在各排水分区中的数量进行统计，绘制建筑小区在各排水分区的数量分布图，如图 5-4 所示。

　　泸州市中心城区建筑小区在各排水分区中的数量分布呈现出明显空间差异性，并主要呈现出中心高、四周低的变化趋势。建筑小区斑块数量较多的片区主要围绕在长江和沱江沿线。例如，建筑小区斑块数量较多的城南 1 片区、沙茜 2 片区、中心半岛老城 2 片区和中心半岛老城 3 片区分布在长江的两侧，而龙马潭老城 1 片区和中心半岛老城 1 片区则分布在沱江的两侧。这一分布与泸州市城市建设发展情况有关，建筑小区数量多的区域主要位于城市行政、经济、综合服务较为健全的城市核心区域，而此区域同时也存在建设年限较早、设施运行维护管理不完善等问题。

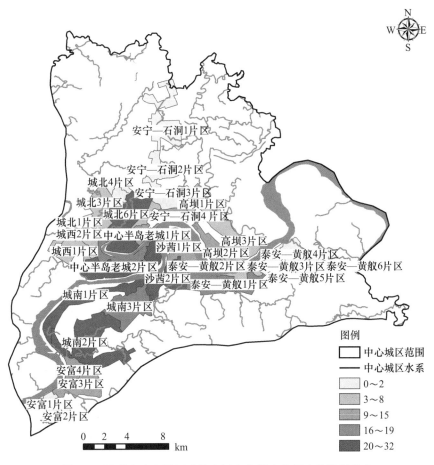

图 5-4 泸州市中心城区建筑小区在各排水分区中的数量分布

5.1.2 建筑小区面积分布

对泸州市中心城区建筑小区斑块面积在各排水分区中的占比进行统计,绘制建筑小区在各排水分区的面积占比分布图如图 5-5 所示。

泸州市中心城区建筑小区在各排水分区中的面积占比分布同样存在空间差异性,中心区域面积占比较高,并且向四周逐渐降低。其中,面积占比较高的片区主要分布在长江和沱江交汇处周围,例如中心半岛老城 3 片区、安宁—石洞 4 片区、高坝 2 片区等。其次是位于长江和沱江两侧、建设年代较为久远的老城区,如龙马潭老城 1 片区、龙马潭老城 2 片区、城南 1 片区、沙茜 2 片区等。

5.1.3 建筑小区的分布形式

泸州市中心城区单个排水分区中建筑小区的分布形式可以从建筑小区在排水分区中的区位条件方面考虑。在单个排水分区中,建筑小区可能分布在上游区域、下游区域或同时分布于上、下游区域,不同分布特征下建筑小区排水特点存在显著差异。

(1)建筑小区位于排水分区上游时,不需要承担上游来水压力,开展雨水控制利用的限制较少,可进行海绵化改造的空间大,建筑小区只需消纳自身区域承接的雨水径流,超出自

73

身可控利用上限的雨水径流可汇入排水分区下游受纳水体。泸州市中心城区涉及此类建筑小区分布形式的管控片区包括安富 3 片区、城北 3 片区、高坝 1 片区、沙茜 2 片区、中心半岛老城 1 片区、中心半岛老城 2 片区，其排水形式如图 5-6 所示。

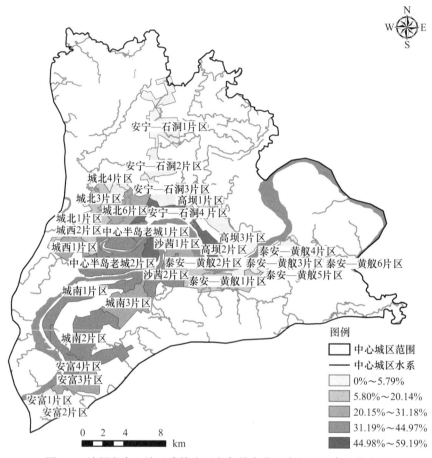

图 5-5　泸州市中心城区建筑小区在各排水分区中的面积占比分布图

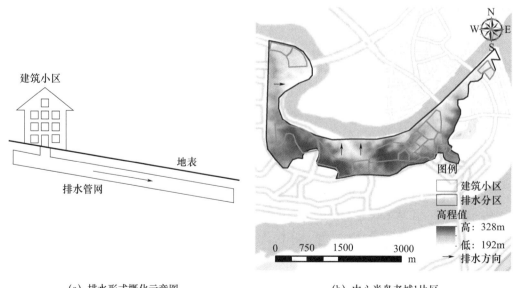

（a）排水形式概化示意图　　　　　　（b）中心半岛老城 1 片区

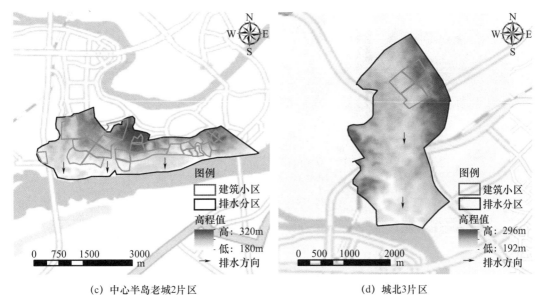

（c）中心半岛老城2片区　　　　　　　　（d）城北3片区

图 5-6　建筑小区位于排水分区上游案例

（2）建筑小区位于排水分区下游时，需要承担排水分区上游来水压力，即建筑小区除需承担自身承接的雨水径流外，还需承接来自上游的雨水径流，自身雨水控制利用能力受到限制，可进行海绵化改造的空间有限，需更加关注防洪排涝功能需求。泸州市中心城区涉及此类建筑小区分布形式的管控片区包括安富1片区、安宁—石洞1片区、城北4~6片区、城南3片区、城西1片区、高坝3片区、泰安—黄舣2片区，其排水形式如图5-7所示。

（3）建筑小区同时覆盖排水分区上、下游时，上游区域建筑小区超出自身可控制利用上限时，多余的雨水径流需要由下游区域承接，下游海绵化改造压力较大。泸州市中心城区涉及此类建筑小区分布形式的管控片区包括安富4片区、安宁—石洞4片区、城南1~2片区、城西2片区、高坝2片区、龙马潭老城1~3片区、沙茜1片区、泰安—黄舣1片区、中心半岛老城3片区，其排水形式如图5-8所示。

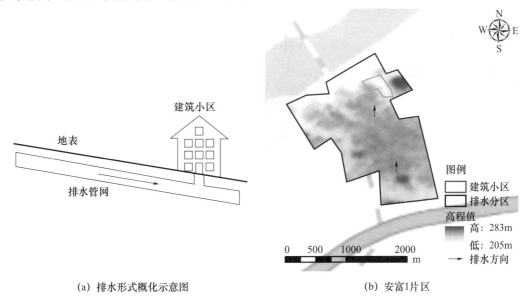

（a）排水形式概化示意图　　　　　　　　（b）安富1片区

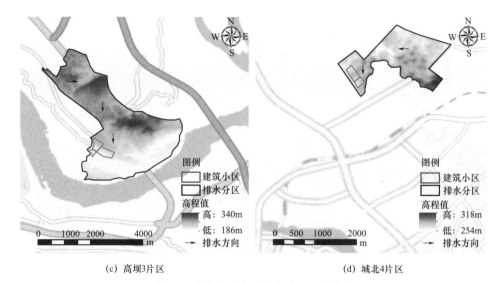

(c) 高坝3片区　　　　　　　　　　　　　　　(d) 城北4片区

图 5-7　建筑小区位于排水分区下游案例

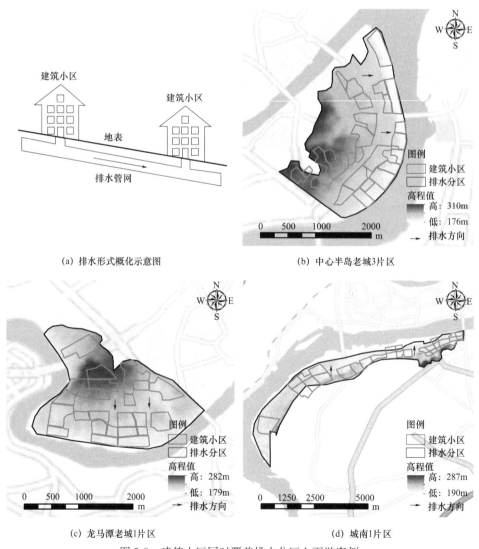

(a) 排水形式概化示意图　　　　　　　　　(b) 中心半岛老城3片区

(c) 龙马潭老城1片区　　　　　　　　　　　(d) 城南1片区

图 5-8　建筑小区同时覆盖排水分区上下游案例

5.2 泸州市建筑小区地形条件

结合泸州市中心城区建筑小区实际情况，全面评估建筑小区地形地势类型和地表组织排水类型等基本条件。

5.2.1 地形类型

建筑小区的地形条件是决定建筑小区地表径流组织排水特点的重要因素。部分建筑小区因地形高差大，在场地整平阶段往往分成多个平台，不同高程的平台地块具有多种空间布局形式。根据不同平台的高程差异，可将建筑小区按地形条件分为内高外低型、内低外高型、单偏型等。

结合建筑小区设计施工图高程点信息，利用克里金（Kriging）插值法对建筑小区内部高程进行空间插值。克里金插值法是以变异函数理论和结构分析为基础，依据协方差函数对随机过程或随机场进行空间建模和预测的回归算法，是在有限区域内对区域化变量进行无偏最优估计的一种方法。

1. 内高外低型

内高外低型建筑小区的高程由中心向四周逐渐递减，场地整平时围绕高程最高处中线点向外形成高程逐级递减的多级平台。以龙涧书苑小区为例，其中心区域最高处高程为299.17m，而四周最低处高程为284.77m，高差达14.40m，其卫星地图如图5-9（a）所示，内部高程插值图如图5-9（b）所示。

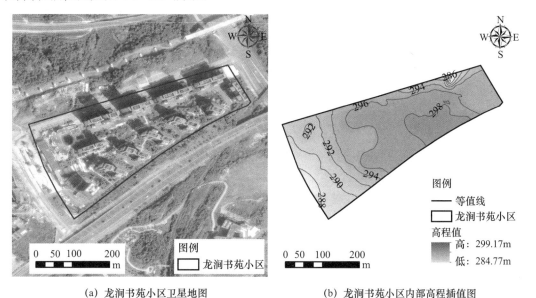

(a) 龙涧书苑小区卫星地图　　　　　(b) 龙涧书苑小区内部高程插值图

图5-9　龙涧书苑小区地形地势情况

（卫星底图来源：国家地理信息公共服务平台"天地图"；网址：www.tianditu.gov.cn）

2. 内低外高型

内低外高型建筑小区的高程由中心向四周逐渐递增，场地整平时围绕高程最低处中线点向外形成高程逐级递增的多级平台。以翡翠滨江小区为例，其四周最高处高程为314.99m，而最低处高程为260.07m，高差达54.92m，其卫星地图如图5-10（a）所示，内部高程插值图如图5-10（b）所示。

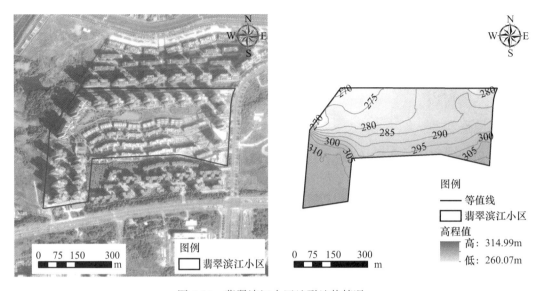

图 5-10　翡翠滨江小区地形地势情况

（卫星底图来源：国家地理信息公共服务平台"天地图"；网址：www.tianditu.gov.cn）

3. 单偏型

单偏型建筑小区的高程由一侧向另一侧逐级递减，场地整平时沿高程变化方向形成高程逐级递减的多级平台。以廖家花园小区为例，区域高程西高东低，最高处高程为 285.19m，最低处高程为 245.42m，高差达 39.77m，其卫星地图如图 5-11（a）所示，内部高程插值图如图 5-11（b）所示。

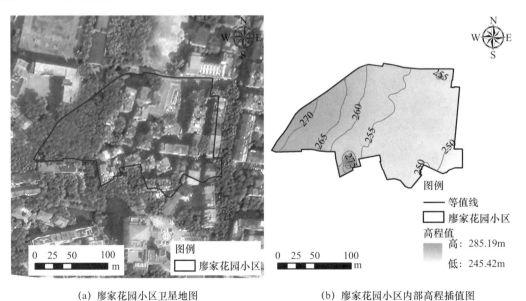

（a）廖家花园小区卫星地图　　　　　　（b）廖家花园小区内部高程插值图

图 5-11　廖家花园小区地形地势情况

（卫星底图来源：国家地理信息公共服务平台"天地图"；网址：www.tianditu.gov.cn）

5.2.2　地表组织排水类型

雨水径流地表组织排水基本是以"水往低处流"形式排放，建筑小区竖向条件就成为决定建筑小区地表组织排水的关键因素。但由于不同建筑小区在场地整平方式、小区室外地坪设计（如微地形设计）等方面的差异，建筑小区雨水径流在场地流动上存在不确定性。通过对建筑小区场地高程进行分析，结合建筑小区场地竖向设计和实际使用情况，可将建筑小区雨水径流地表汇流方式归纳为平坡型、斜坡型、阶梯型、内高外低型和内低外高型五类。

1. 平坡型

平坡型建筑小区场地整平为一个完整的平面，场地坡度几乎无较大变化，雨水径流组织排水形式为各子汇水分区分别收集雨水径流，通过地下排水管网统一组织排放。平坡型建筑小区雨水径流组织排水路径如图 5-12 所示。

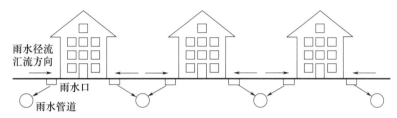

图 5-12 平坡型建筑小区雨水径流组织排水路径

2. 斜坡型

斜坡型建筑小区场地虽整平为一个平面，但场地平面存在一定坡度，雨水径流沿斜坡倾斜方向汇流，下游区域径流流速快、流量大，雨水口易出现收水能力不足情况从而发生局部积水内涝，其雨水径流组织排水路径如图 5-13 所示。

图 5-13 斜坡型建筑小区雨水径流组织排水路径

3. 阶梯型

阶梯型建筑小区场地整平为多个平台，各个平台之间存在一定高差，其高程在各平台呈阶梯式下降。各平台雨水分别汇集，地势较高的平台径流汇集后跌至地势较低的平台。阶梯型建筑小区雨水径流组织排水路径如图 5-14 所示。

图 5-14 阶梯型建筑小区雨水径流组织排水路径

4. 内高外低型

内高外低型建筑小区场地整平为多级平台时，内侧区域高程较高，外侧高程较低，雨水径流由内侧向外侧汇流，平台衔接处会出现跌水现象。内高外低型建筑小区雨水径流组织排水路径如图 5-15 所示。

图 5-15　内高外低型建筑小区雨水径流组织排水路径

5. 内低外高型

内低外高型建筑小区场地整平为多级平台时，内侧区域高程较低，外侧高程较高，雨水径流由外侧向内侧汇流，平台衔接处会出现跌水现象，内侧区域易出现积水内涝问题。内低外高型建筑小区雨水径流组织排水路径如图 5-16 所示。

图 5-16　内低外高型建筑小区雨水径流组织排水路径

5.3　泸州市建筑小区内涝风险

基于泸州市中心城区 2015—2022 年的历时内涝灾害，梳理建筑小区内涝积水点情况，全面总结泸州市建筑小区内涝成因，评估建筑小区内涝发生风险。

5.3.1　内涝历史积水点分析

通过对 2015—2022 年泸州市中心城区建筑小区历史内涝积水点受灾信息进行细致梳理发现，建筑小区内涝积水点主要分布于沱江两侧和沱江与长江交汇范围的城北分区、龙马潭分区、中心半岛老城分区。多个建筑小区出现了路面积水、地下车库进水、电梯间进水、围墙垮塌、交通受阻、居民受困等不同程度的灾害。

根据泸州市中心城区建筑小区历史内涝积水点受灾信息，结合其空间地理坐标进行矢量化处理，绘制了 2015—2022 年泸州市中心城区建筑小区历史内涝积水点分布图，如图 5-17 所示。

5.3.2　内涝成因分析

泸州市建筑小区内涝成因，主要可以归纳为地势起伏大与坡度变幅高、排水管网末端受河道顶托、排水设施排水能力不足和应急防涝调度不及时等。

1. 地势起伏大与坡度变幅高

泸州市整体地形地势起伏较大，建筑小区虽然在建设过程中进行了场地整平，但是不同平台之间仍存在较大的高程和坡度差异。较高的地表坡度使得雨水径流流速加快，并且雨水径流的空间分配呈现出明显的差异性，雨水口和雨水篦子收水能力减弱，地表径流无法有效

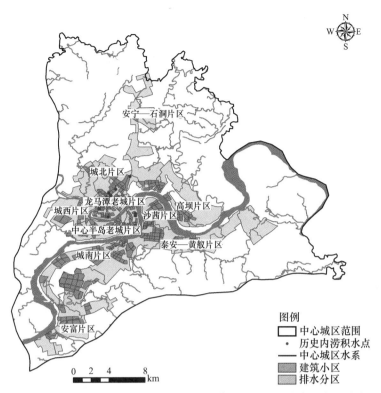

图 5-17 2015—2022 年泸州市中心城区建筑小区历史内涝积水点分布

汇入排水管渠系统，使得雨水在建筑小区低洼地带积聚，例如建筑小区的地下车库、电梯间等区域极易在雨天发生积水。

2. 排水管网末端受河道顶托

泸州市中心城区水系丰富，沱江与长江在此交汇，许多建筑小区滨江而建，建筑小区内部雨水管网接入市政管网后最终排入长江或沱江河道。当暴雨超出一定量级或河道上游出现洪峰时，河道水位增长并高于排水管网末端排口水位，管网排水时就会受到河道顶托作用，导致雨水径流无法顺利排出而在管网中积累，当超出管网容纳限度时，雨水径流就会从检查井等排水节点处漫溢，进一步导致建筑小区的内涝灾害发生。

3. 排水设施排水能力不足

一些老旧建筑小区的管网设置无法满足当今城市排水防涝的需求，根据泸州市海绵城市建设相关资料，泸州市中心城区建成区排水管网排水能力低于 1 年一遇的雨水管渠占26.6%，在遭遇暴雨时，难以发挥排水管渠系统的排水功能，易发生积水内涝。

4. 应急防涝调度不及时

建筑小区内涝灾害的防范除需要开展源头减排系统、排水管渠系统、排涝除险系统工程措施的建设外，三套系统之间的联合调度以及建筑小区防汛人员和防汛设施的应急管理也至关重要。泸州市中心城区部分建筑小区在暴雨时缺乏应急管理调度能力，发生内涝积水时，建筑小区交通受限，被困居民无法及时撤离，重要物资和重要基础设施的应急防涝也未得到充分保障，存在一定的安全隐患。

5.3.3 内涝发生风险评估

本书采用核密度估计的方法定量研究区域范围内涝积水点的空间分布和密集程度，评估泸州市中心城区建筑小区内涝发生风险。

核密度估计是利用移动窗口对点或者线的密度进行估计，考虑数据点的空间位置，可以反映区域中数据点与数据点间的关系。核密度估计中搜索范围是以带宽为半径的圆形区域。其通过核密度函数计算出所有栅格的核密度值，则每个栅格的核密度值即以该栅格为中心的窗口内所有核密度值之和，输出的核密度值以网格显示。

严重内涝事件矢量化后在空间中体现为一个点，但通常暴雨内涝在空间上表现为面状，对周围几百平方米范围内的影响都较大，因此使用核密度网格能够体现内涝在一定区域内的影响程度和发生频率，从而在一定程度上反映出区域的内涝发生风险。核密度估计法具体表达式如公式（5-1）所示。

$$f_n(x) = \frac{1}{nh} \sum_{i=1}^{n} k\left(\frac{x - x_i}{h}\right) \tag{5-1}$$

式中，f_n 为内涝积水点核密度估计值；n 为研究区域中内涝积水点个数；$x - x_i$ 为内涝积水点 x 和 x_i 两点间距离；k 为核函数；h 为半径。

根据泸州市 2015—2022 年建筑小区内涝积水点的空间坐标，计算建筑小区内涝点核密度，并绘制内涝积水点核密度分布图（图 5-18）。可以看出，泸州市建筑小区内涝积水点分布呈现出明显的空间不均衡性，存在多个内涝高密度核心，主要分布在长江和沱江交界处及两岸的老城区。根据当地建筑小区实际情况，推测出现这种分布特点的原因，一方面在于老城区排水设施建设年代较早，管网排水标准低，并且可能存在老旧损坏问题，使得排水能力受限，伴随城市发展建设初期不合理的土地利用规划，使得老城区不透水面积占比过高，加剧了内涝形成的风险；另一方面这些区域临近长江和沱江，极端降雨条件下可能面临洪水顶托管网和洪水漫溢入城的情况，造成洪涝叠加现象，加剧城市内涝风险。

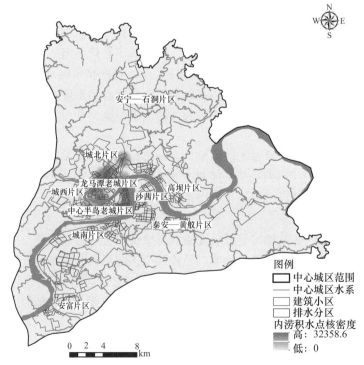

图 5-18　泸州市中心城区建筑小区内涝积水点核密度估计

利用自然间断点分级法将泸州市建筑小区按照内涝历史发生灾情风险划分为高风险、较高风险、中风险、较低风险和低风险五类区域，见表5-1。自然间断点分级法基于数据固有自然分组，在数据值差异相对较大处设置边界，并且识别出分类间隔，使得组间差异最大的同时组内差异达到最小，从而对数据结果实现最佳分组。

表 5-1　泸州市中心城区建筑小区内涝历史发生灾情风险区域分类

区域类别	核密度估计值范围
低风险	0～1635.38
较低风险	1635.39～5258.77
中风险	5258.78～10107.19
较高风险	10107.20～19527.80
高风险	19527.81～29822.19

在 ArcGIS 中对五个分组结果进行聚类，形成建筑小区内涝风险等级分布情况（图5-19）。泸州市建筑小区内涝风险呈现从中心向四周逐级递减的趋势，内涝高风险区域主要分布在城北分区、中心半岛老城分区和龙马潭老城分区，位于城市外围的安富分区、泰安-黄舣分区、安宁-石洞分区等分区内涝风险最低，之间的区域则是内涝风险的过渡地带。出现这种分布特点可能由于城市外围区域没有进行全面的开发建设，保留了较多的雨水径流自然调蓄空间；同时，此区域离城市主干水系较远，地形地势上具有较大坡度，周围密布支流水系，使得雨水径流可以较快速度地行泄，并就近排入受纳水体。

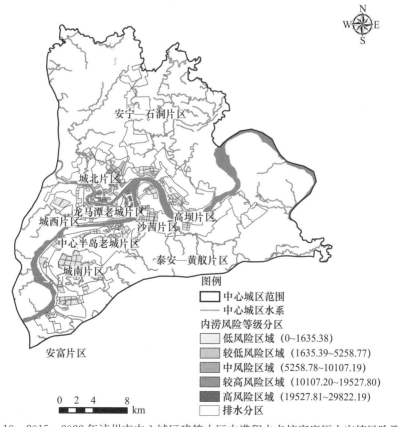

图 5-19　2015—2022 年泸州市中心城区建筑小区内涝积水点核密度历史灾情风险聚类

从结果可以看出，泸州市中心城区范围内的建筑小区中，老城区普遍具有一定的内涝灾害发生风险。位于长江和沱江交汇处龙马潭老城 3 片区的建筑小区以及沱江北侧城北 6 片区的建筑小区发生内涝积水灾害的风险相对较高。

5.4 泸州市建筑小区雨污混接评估

结合建筑小区雨水管网和污水管网可能出现的混接情境，全面梳理建筑小区雨污混接类型，并进行混接成因分析。

5.4.1 雨污混接类型

泸州市中心城区部分建筑小区建设年代久远，排水设施老旧，存在雨污水管道错接、结构性缺陷等问题，导致排水不畅、冒溢现象凸显。老旧小区物业缺失，排水设施管理水平低下，排水系统缺少日常的清通养护。现状雨水管道建设年份早，设计标准较低，管道过流能力不足，且年久失修，存在各种结构性缺陷和影响通水能力的功能性缺陷，已不能满足当下排水需求，存在较大的安全隐患。

常见的管网缺陷问题包括功能性缺陷和结构性缺陷。功能性缺陷是指导致排水管道及检查井过水断面发生变化，影响通畅性能的缺陷，其中淤泥等沉积物是影响水体环境质量的主要因素。功能性缺陷包括沉积、结垢、障碍物、树根、浮渣等。结构性缺陷是指排水管道检查井结构本身遭受损伤，影响强度刚度和使用寿命的缺陷，是地下水等外来水渗入、污水外渗的主要通道。结构性缺陷包括破裂、变形、腐蚀、支管暗接、异物侵入、渗漏等。

对建筑小区的雨污混接类型进行具体分析发现，主要包含建筑立管和埋地管道两方面的问题。

1. 建筑立管

（1）房屋北侧厨房、卫生间重新装修，新敷设污水管道，污水横管出户后就近接入雨水立管，私拉乱接。

（2）阳台只设置雨水立管和冷凝水管，居民在阳台增设洗手池及洗衣机，出水就近接入雨水立管或冷凝水管。

（3）居民在顶楼搭设阳光房，其中设置洗手池、洗衣机等用水设备，出水直接排入雨水立管。

（4）雨污水立管下端进入同一个雨水口、检查井。

（5）沿街居民楼下部为裙房，裙房顶部为上人露台，后期改造过程中在露台设置了卫生设备，出水直接排入裙房雨水立管，居民楼顶雨水也排至裙房上部，污水与雨水混合排至小区雨水管道。

2. 埋地管道

（1）阳台一般只设置雨水管、冷凝水管，所以在小区道路只设置雨水管道，当阳台雨污分流后，由于排水系统不完善，污水没有出处。

（2）居民自行设置地下水井，洗涤废水散排或就近接至雨水检查井；小区垃圾管理房冲洗废水排入现状雨水口。

5.4.2 雨污混接程度核算

参照住房和城乡建设部《城市黑臭水体整治——排水口、管道及检查井治理技术指南（试行）》"3.7 混接调查与评估"，建筑小区雨污混接问题识别和混接程度评估可按照以下方法进行。

（1）建筑小区雨污混接程度应按照建筑小区场地范围进行评估，当场地范围内有 2 个及以上的排水区域时，应按单个排水区域进行评估。

（2）单个混接点和区域混接程度分为三级：重度混接（Ⅲ级）、中度混接（Ⅱ级）、轻度混接（Ⅰ级）。

（3）区域混接程度应以混接密度（M）和混接水量程度（C）任一指标高值来确定：混接密度（M）依据式（5-2）用百分比表示；混接水量程度（C）依据式（5-3）用百分比表示。

①混接密度（M）。

$$M=\frac{n}{N}\times100\% \tag{5-2}$$

式中，M 为混接密度；n 为混接点数；N 为节点总数，是指两通以上（含两通）的明接和暗接点总数。

②混接水量程度（C）。

$$C=\frac{|Q-0.85q|}{Q}\times100\% \tag{5-3}$$

式中，C 为混接水量程度；q 为被调查区域的供水总量，m^3；Q 为被调查区域的污水排水总量，m^3。

（4）单个混接点混接程度可依据混接管管径、混接水量、混接水质中任一指标高值确定等级。混接点混接程度分级标准见表 5-2。

表 5-2 混接点混接程度分级标准

混接程度	接入管管径/mm	流入水量/（m^3/d）	污水流入水质（COD_{Cr}数值）
轻度混接（Ⅰ级）	＜300	＜200	＜100
中度混接（Ⅱ级）	≥300 且＜600	≥200 且＜600	≥100 且＜200
重度混接（Ⅲ级）	≥600	≥600	≥200

（5）建筑小区整体区域混接程度按表 5-3 进行分级。

表 5-3 建筑小区整体区域混接程度分级标准

混接程度	混接密度/%	混接水量程度/%
轻度混接（Ⅰ级）	0～5	0～30
中度混接（Ⅱ级）	5～10	30～50
重度混接（Ⅲ级）	≥10	≥50

5.4.3 雨污混接分析案例

不同程度的雨污混接可能造成建筑小区排水系统出现不同程度的超载、溢流等问题，进而造成建筑小区积水甚至内涝。以廖家花园小区为例，评估雨污混接对建筑小区排水能力的影响程度。廖家花园小区位于泸州市江阳区主城区，南城街道上平远路与中平远路交叉口，所在排水分区为中心半岛老城分区，周围区域内涝风险高，原小区已修建 20 余年，存在一定的雨污混接风险。

该小区场地内雨水径流沿原小区排水管网排放。结合廖家花园小区基础数据，构建 SWMM 模型，对不同雨污混接程度下的排水系统运行情况进行评估，探究雨污混接对雨水管网排水能力的影响。

1. SWMM 模型的构建

将建筑屋顶、小区道路、小区广场等区域概化为不透水地面，将绿地等区域概化为透水地面。根据其建筑分布、排水管网设施、土地类型、小区地形等实际情况，在模型中设置相应的子汇水分区、检查井、雨水管段，如图 5-20 所示。其中，子汇水区包含建筑屋顶 26 块、绿地 20 块、不透水地面 59 块，排水系统包含检查井 61 个、雨水管段 62 根、末端排口 2 个，雨水径流最终排入市政雨水管网。

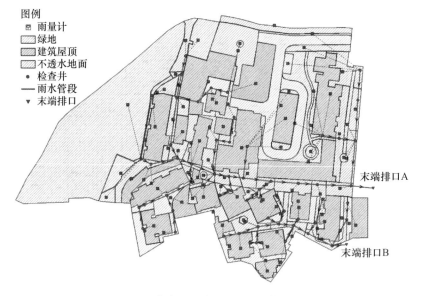

图 5-20　廖家花园小区 SWMM 模型概化

对模型中各项水文参数进行设置，取值范围见表 5-4。

表 5-4　模型水文参数设置情况

模型参数	单位	取值范围
不透水区曼宁系数	—	0.01～0.24
透水区曼宁系数	—	0.06～0.30
不透水区洼蓄深度	mm	0.20～4.00
透水区洼蓄深度	mm	2.50～10.00
最大下渗速率	mm/h	30.00～90.00
最小下渗速率	mm/h	0.10～10.00
下渗能力衰减系数	—	3.00
干燥时间	d	2.00
管道糙率	—	0.01

2. 污水产量计算

根据《室外给水设计标准》（GB 50013—2018）中规定的平均日居民生活用水定额

（表 5-5）计算建筑小区居民污水产生量。

表 5-5　平均日居民生活用水定额　　　　　　单位：L/（人·d）

城市类型	超大城市	特大城市	Ⅰ型大城市	Ⅱ型大城市	中等城市	Ⅰ型小城市	Ⅱ型小城市
一区	140～280	130～250	120～220	110～200	100～180	90～170	80～160
二区	100～150	90～140	80～130	70～120	60～110	50～110	40～90
三区	—	—	—	70～110	60～100	50～90	40～80

　　泸州市中心城区人口 120.4 万人，属于城区常住人口 100 万以上 300 万以下的Ⅱ型大城市，且泸州市位于四川省，在城市分区上属于二区，其平均日居民生活用水定额为 70～120L/（人·d），计算中取其上限值 120L/（人·d），乘以折减系数 0.9，得出泸州市中心城区建筑小区人均污水产生量为 108L/（人·d）。廖家花园小区共有 26 栋住宅楼，住户 781户，按每户平均 4 口人进行估算，得到每栋楼日均污水产生量为 12.98m³，则各楼平均污水流量为 0.01m³/min。SWMM 模型雨污混接率模拟情景设置见表 5-6。

表 5-6　SWMM 模型雨污混接率模拟情景设置

雨污混接率/%	0	10	20	30	40	50	60	70	80	90	100
污水流量/（m³/min）	0	0.001	0.002	0.003	0.004	0.005	0.006	0.007	0.008	0.009	0.010

3. 降雨情景设计

　　根据泸州市暴雨强度公式（5-4），计算降雨重现期 $P=1，2，3，4，5$ 年，雨峰系数 $r=0.5$，降雨历时为 2h、6h、12h、24h 的设计降雨。所有模拟的设计降雨情景见表 5-7。

$$i=\frac{8.840\times（1+0.792\lg P）}{（t+11.017）^{0.662}}\qquad（mm/min）\qquad(5\text{-}4)$$

表 5-7　设计降雨情境

重现期	平均雨强/（mm/min）				累积降雨量/mm			
	$T=2h$	$T=6h$	$T=12h$	$T=24h$	$T=2h$	$T=6h$	$T=12h$	$T=24h$
1 年一遇	0.35	0.18	0.11	0.07	42.3	63.5	81.0	102.8
2 年一遇	0.44	0.22	0.14	0.09	52.4	78.6	100.3	127.4
3 年一遇	0.49	0.24	0.16	0.10	58.3	87.5	111.6	141.7
4 年一遇	0.52	0.26	0.17	0.11	62.4	93.8	119.6	151.9
5 年一遇	0.55	0.27	0.17	0.11	65.7	98.6	125.8	159.8

4. 模型模拟结果

　　按照 0%、10%、20%、30%、40%、50%、60%、70%、80%、90%、100% 的污水混接率分别进行模拟，比较不同污水混接程度下小区排水管网的峰值流量、外排径流总量、节点超载个数、节点溢流个数、管道满流个数、管道满流时间等排水特征的变化情况，对应结果如图 5-21～图 5-26 所示。

　　从结果可以看出，将污水接入雨水管网将增大建筑小区雨天的峰值流量和外排径流总量，同时使得节点超载、节点溢流、管道满流的风险增加，管道满流时间增长，污水混接程度越高对其影响越大。

　　当管网处于轻度混接状态（污水混接率在 0%～30%）时，节点未发生溢流，但有个别节点出现超载情况，管道满流情况同样较少，在 20 种降雨情景设置下管道满流时间均不超过 27min；当管网处于中度混接状态（污水混接率在 30%～50%）时，节点出现了少量超载和溢流情况，在 20 种降雨情景设置下均有部分管道出现满流，满流时间随污水混接率的增大而显著增加，也随降雨重现期的增大而增加；当管网处于重度混接状态（污水混接率在 50% 及以上）时，节点超载和溢流情况以及管道满流情况均随着污水混接率和降雨重现期的增大而更为严重。

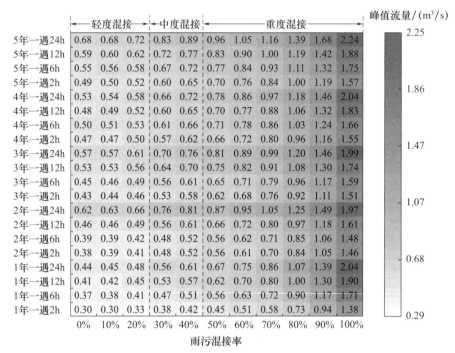

图 5-21　不同污水混接率下峰值流量变化

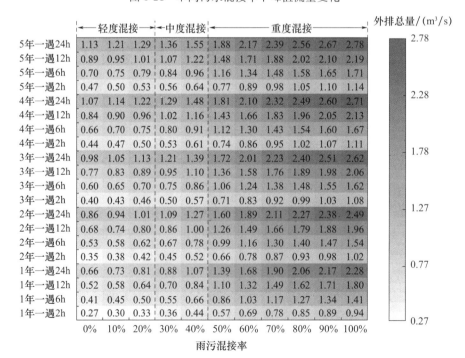

图 5-22　不同污水混接率下外排径流总量变化

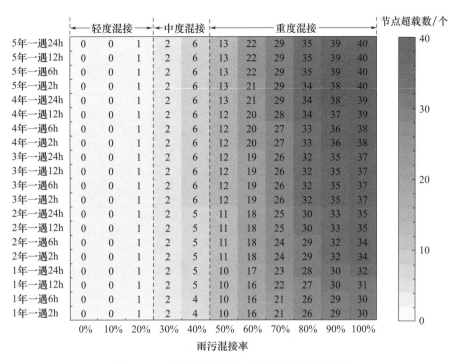

图 5-23　不同污水混接率下节点超载个数变化

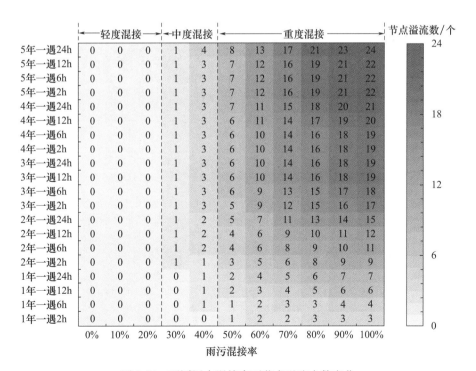

图 5-24　不同污水混接率下节点溢流个数变化

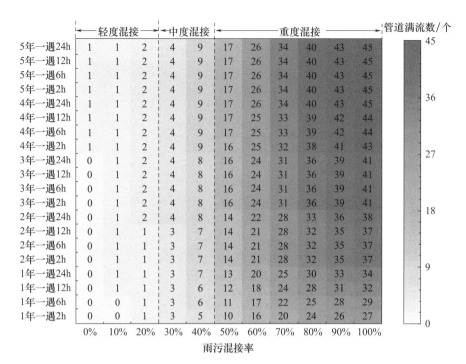

图 5-25　不同污水混接率下管道满流个数变化

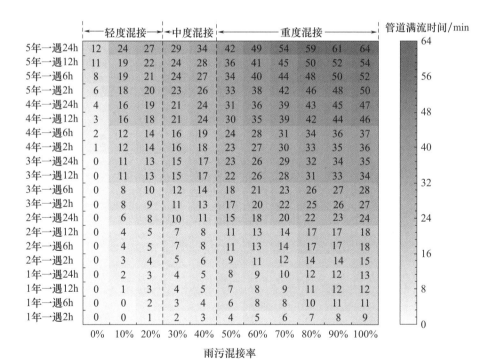

图 5-26　不同污水混接率下管道满流时间变化

6 泸州市建筑小区雨水设施组合形式和植物搭配

结合泸州城市内涝治理需求，考虑该市建筑小区雨水调蓄利用实际条件，评价建筑小区开展雨水径流污染控制预期效果，评估建筑小区雨水设施景观效果可达性，研究不同雨水设施组合形式和植物搭配方案，为建筑小区开展海绵城市建设确定设施组合形式和植物搭配方式提供参考和借鉴。

6.1 泸州市建筑小区雨水设施组合形式

建筑小区需要综合考虑建筑小区内涝控制、雨水调蓄利用、径流污染控制等方面的需求，并结合经济成本与景观效果合理选择雨水设施及其组合形式，统筹考虑建筑小区本底条件进行合理布设。

6.1.1 建筑小区雨水控制利用设施选择

雨水控制利用设施包含多种目标和功能侧重，成本效益存在差异，可达成不同的景观效果，需要综合考虑各个因素选择适宜在建筑小区采用的技术设施。不同目标功能下适宜建筑小区的雨水控制利用设施见表 6-1。

表 6-1 适宜建筑小区的雨水控制利用设施

设施类型	设施名称	目标功能			经济成本		景观效果
		内涝控制	雨水集蓄利用	径流污染控制	建设费用	运维费用	
渗滞类	透水砖铺装	●	○	◎	□	□	☆
	透水水泥混凝土铺装	◎	○	◎	■	▲	☆
	透水沥青混凝土铺装	◎	○	◎	■	▲	☆
	构造透水铺装	●	○	◎	□	□	☆
	嵌草透水铺装	●	○	◎	▲	■	☆
	生物滞留带	●	○	◎	□	□	★
	雨水花园	●	○	◎	▲	□	★
	生态树池	●	○	◎	▲	□	★
	高位花坛	●	○	◎	▲	□	★
	下沉式绿地	●	○	◎	□	□	☆
	简单式绿色屋顶	●	○	◎	■	▲	★
	花园式绿色屋顶	●	○	◎	■	▲	★
	渗井	●	○	◎	□	□	☆
集蓄利用类	蓄水池	●	●	◎	■	▲	☆
	雨水罐	●	●	◎	□	□	☆

续表

设施类型	设施名称	目标功能			经济成本		景观效果
		内涝控制	雨水集蓄利用	径流污染控制	建设费用	运维费用	
调蓄类	调节塘	●	○	◎	■	▲	☆
	湿塘	●	●	◎	■	▲	★
	调节池	●	○	○	■	▲	☆
截污净化类	人工土壤渗滤	○	●	●	■	■	☆
	植被缓冲带	○	○	●	□	□	☆
	自然土坡驳岸	○	○	●	□	□	★
	木桩驳岸	○	○	●	▲	▲	★
	石笼驳岸	○	○	●	▲	■	★
	连锁植草砖驳岸	○	○	●	■	■	★
	块石驳岸	○	○	●	□	□	★
	生态砌块驳岸	○	○	●	▲	■	★
	雨水湿地	●	●	●	■	▲	★
转输类	转输型干式植草沟	◎	◎	◎	□	□	☆
	渗透型干式植草沟	●	○	◎	□	□	★
	湿式植草沟	○	○	●	▲	□	★
	渗管/渠	◎	○	◎	▲	▲	☆

注：目标功能：●强，◎中，○弱；经济成本：■高，▲中，□低；景观效果：★较好，☆一般。

根据《海绵城市建设技术指南——低影响开发雨水系统构建（试行）》附录中的雨水单项设施单价估算，参考相关文献报道，估算各类雨水控制与利用设施的单位造价和运行维护费用，计算各类雨水设施年均成本，见表 6-2。

表 6-2　各类雨水设施年均成本估算

设施类型	设施名称	单位造价/元	运行维护费用/(元/年)	预期使用寿命/年	年均成本/(元/年)
渗滞类	透水铺装	200	7.1	20	17.1
	生物滞留	800	24.0	25	56.0
	下沉式绿地	50	1.5	40	2.8
	绿色屋顶	300	9.0	40	16.5
	渗透塘	1000	30.0	25	70.0
	渗井	1200	30.0	25	78.0
集蓄利用类	蓄水池	1200	3.6	20	63.6
	雨水罐	1000	3.6	20	53.6
调蓄类	调节塘	400	12.0	25	28.0
	湿塘	600	19.2	40	34.2
截污净化类	人工土壤渗滤	1200	30.0	25	78.0
	植被缓冲带	200	6.0	40	11.0
	雨水湿地	700	21.0	40	38.5

续表

设施类型	设施名称	单位造价/元	运行维护费用/(元/年)	预期使用寿命/年	年均成本/(元/年)
转输类	植草沟	200	3.4	50	7.4
	渗管/渠	100	5.0	25	9.0

6.1.2 建筑小区雨水设施空间布局形式

按照建筑小区场地条件，可将雨水控制利用设施空间布局形式分为集中型分布、分散型分布、随机型分布、单边型分布四种类型，如图 6-1 所示。集中型分布适用于绿地条件有限、雨水调蓄容积较小的建筑小区；分散型分布适用于场地中含有景观水体的建筑小区；随机型分布适用于绿地条件较好、有较大调蓄容积的建筑小区；单边型分布适用于地形坡度起伏较大、整平为多个平台的建筑小区。

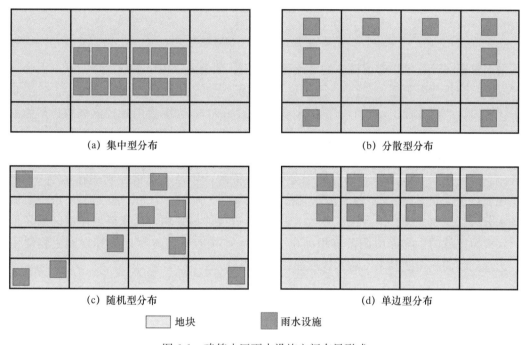

(a) 集中型分布 　　　　　　　　　　　　 (b) 分散型分布

(c) 随机型分布 　　　　　　　　　　　　 (d) 单边型分布

▢ 地块　　　▪ 雨水设施

图 6-1　建筑小区雨水设施空间布局形式

采用 SWMM 模型对上述四种情况的设施空间布局形式进行模拟，来比较不同空间布局形式对径流总量控制效果的差异性影响。

1. 模型参数设置

构建建筑小区 SWMM 模型如图 6-2 所示，泸州市中心城区建筑小区平均占地面积 $15.36hm^2$，设为模型子汇水分区总面积，包含 16 个子汇水分区，分别收集雨水径流，并经由雨水管道汇入统一排口，与市政雨水管网相连。模型中水文参数设置情况为透水区曼宁系数 0.25，不透水区曼宁系数 0.01；透水区洼蓄深度 4mm，不透水区洼蓄深度 1.5mm；最大下渗速率 50.0mm/h，最小下渗速率 0.9mm/h。

由于雨水设施类型众多，且每种雨水设施的适用场景和结构原理不同，不同雨水设施对雨水径流的体积和峰值的控制效果也存在差异。雨水设施在进行设施规模计算时可分为需要计入总调蓄容积的设施（如生物滞留、下沉式绿地等）和不计入总调蓄容积的设施（如透水铺装、绿色屋顶等)。在建筑小区的雨水设施中，生物滞留和透水铺装较为常用且具有代表性，因此二者可作为雨水径流控制的典型技术设施，其他设施的雨水径流控制能力可与之相比求出海绵当量，实现雨水设施雨水径流控制的标准化和归一化。

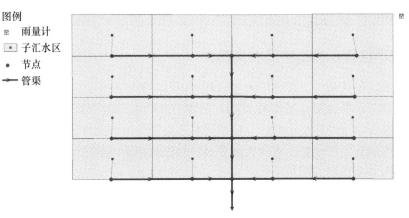

图 6-2　建筑小区 SWMM 模型

采用容积法计算生物滞留设施的设计调蓄容积，如公式（6-1）所示。

$$V = 10H\psi F \tag{6-1}$$

式中，V 为设计调蓄容积，m^3；H 为设计降雨量，mm；ψ 为综合雨量径流系数；F 为汇水面积，hm^2。

根据《海绵城市建设技术指南——低影响开发雨水系统构建（试行）》中我国大陆地区年径流总量控制率分区图，泸州市处于分区中的Ⅲ区，年径流总量控制率在 75%～85%。按年径流总量控制率为 80% 进行计算，得到设计降雨量为 27.97mm，按照泸州市中心城区各排水分区管控单元综合雨量径流系数（表 6-3）进行加权平均，计算得到模拟区域 ψ 值为 0.54，模拟区域的生物滞留调蓄容积为 $4531.14m^3$，按有效蓄水深度计算得到生物滞留面积。透水铺装面积按照其余不透水区域面积计算得到。

表 6-3　泸州市中心城区各排水分区管控单元综合雨量径流系数

排水分区	管控单元编号	面积/hm^2	径流系数	排水分区	管控单元编号	面积/hm^2	径流系数
中心半岛老城分区	01-01	373.66	0.65	城南分区	07-06	178.25	0.60
中心半岛老城分区	01-02	155.07	0.65	城南分区	07-07	103.06	0.62
中心半岛老城分区	01-03	158.76	0.65	城南分区	07-08	147.38	0.51
中心半岛老城分区	01-04	132.79	0.65	城南分区	07-09	267.21	0.65
城西分区	02-01	136.74	0.40	城南分区	07-10	227.64	0.48
城西分区	02-02	225.71	0.41	城南分区	07-11	235.23	0.65
城西分区	02-03	174.05	0.50	城南分区	07-12	256.96	0.57
城西分区	02-04	159.86	0.65	安富分区	08-01	263.63	0.44
龙马潭老城分区	03-01	213.45	0.65	安富分区	08-02	329.91	0.47
龙马潭老城分区	03-02	258.86	0.65	安富分区	08-03	225.63	0.65
城北分区	04-01	216.17	0.47	安富分区	08-04	261.79	0.61

续表

排水分区	管控单元编号	面积/hm²	径流系数	排水分区	管控单元编号	面积/hm²	径流系数
城北分区	04-02	176.26	0.49	安富分区	08-05	186.75	0.41
城北分区	04-03	119.82	0.54	安富分区	08-06	61.38	0.40
城北分区	04-04	302.94	0.64	安富分区	08-07	154.77	0.40
城北分区	04-05	285.55	0.63	安富分区	08-08	167.25	0.54
高坝分区	05-01	244.20	0.42	安富分区	08-09	115.06	0.40
高坝分区	05-02	277.20	0.65	安富分区	08-10	89.72	0.40
高坝分区	05-03	144.25	0.53	泰安-黄舣分区	09-01	178.90	0.40
高坝分区	05-04	187.50	0.40	泰安-黄舣分区	09-02	368.61	0.63
高坝分区	05-05	208.47	0.57	泰安-黄舣分区	09-03	278.48	0.40
高坝分区	05-06	4.80	0.64	泰安-黄舣分区	09-04	257.35	0.52
高坝分区	05-07	313.46	0.40	泰安-黄舣分区	09-05	180.04	0.64
高坝分区	05-08	230.03	0.40	安宁-石洞分区	10-01	135.62	0.40
沙茜分区	06-01	446.71	0.56	安宁-石洞分区	10-02	208.71	0.51
沙茜分区	06-02	180.55	0.65	安宁-石洞分区	10-03	137.90	0.60
沙茜分区	06-03	0.56	0.65	安宁-石洞分区	10-04	131.62	0.48
城南分区	07-01	54.90	0.48	安宁-石洞分区	10-05	224.86	0.51
城南分区	07-02	251.39	0.45	安宁-石洞分区	10-06	144.01	0.65
城南分区	07-03	143.00	0.53	安宁-石洞分区	10-07	329.41	0.61
城南分区	07-04	248.96	0.43	安宁-石洞分区	10-08	188.55	0.65
城南分区	07-05	182.14	0.40	合计		12243.49	0.54

为了探究上述两类设施的雨水控制效果，在 SWMM 模型的 LID 控制模块中构建生物滞留和透水铺装两类雨水设施，生物滞留蓄水深度根据不同的建筑小区绿化率情况、所在管控单元年径流总量控制率要求确定，按照建筑小区不透水区域面积确定设置透水铺装比例，具体为 0%～100%，见表 6-4。设施其他构造和模型参数见表 6-5 和表 6-6。

表 6-4 模型中生物滞留设施蓄水深度设置

绿化率/%	年径流总量控制率/%	设计降雨量/mm	透水铺装不同规模占比下对应的生物滞留蓄水深度/mm										
			100%	90%	80%	70%	60%	50%	40%	30%	20%	10%	0%
10	60	12.51	25	33	41	49	57	64	72	80	88	96	104
	65	15.16	30	40	49	59	69	78	88	97	107	116	126
	70	18.25	37	48	60	71	82	94	105	117	128	140	151
	75	22.33	45	59	73	87	101	115	129	143	157	171	185
	80	27.97	56	74	91	109	126	144	162	179	197	215	232
	85	35.93	72	95	117	140	162	185	208	230	253	276	298

续表

绿化率/%	年径流总量控制率/%	设计降雨量/mm	透水铺装不同规模占比下对应的生物滞留蓄水深度/mm										
			100%	90%	80%	70%	60%	50%	40%	30%	20%	10%	0%
15	60	12.51	17	22	27	32	37	41	46	51	56	61	66
	65	15.16	20	26	32	38	44	50	56	62	68	74	80
	70	18.25	24	32	39	46	53	61	68	75	82	89	97
	75	22.33	30	39	47	56	65	74	83	92	101	109	118
	80	27.97	37	48	59	71	82	93	104	115	126	137	148
	85	35.93	48	62	76	91	105	119	133	148	162	176	190
20	60	12.51	13	16	20	23	27	30	34	37	41	44	48
	65	15.16	15	19	24	28	32	36	41	45	49	53	58
	70	18.25	18	23	28	34	39	44	49	54	59	64	69
	75	22.33	22	29	35	41	47	54	60	66	72	79	85
	80	27.97	28	36	44	51	59	67	75	83	91	98	106
	85	35.93	36	46	56	66	76	86	96	106	116	126	137
25	60	12.51	10	13	15	18	21	23	26	28	31	34	36
	65	15.16	12	15	19	22	25	28	31	34	38	41	44
	70	18.25	15	18	22	26	30	34	38	41	45	49	53
	75	22.33	18	23	27	32	37	41	46	51	55	60	65
	80	27.97	22	28	34	40	46	52	58	63	69	75	81
	85	35.93	29	36	44	51	59	66	74	82	89	97	104
30	60	12.51	8	10	12	14	17	19	21	23	25	27	29
	65	15.16	10	13	15	18	20	22	25	27	30	32	35
	70	18.25	12	15	18	21	24	27	30	33	36	39	42
	75	22.33	15	19	22	26	29	33	37	40	44	48	51
	80	27.97	19	23	28	32	37	41	46	51	55	60	64
	85	35.93	24	30	36	42	47	53	59	65	71	77	83
35	60	12.51	7	9	10	12	14	15	17	19	20	22	23
	65	15.16	9	11	13	15	17	19	20	22	24	26	28
	70	18.25	10	13	15	18	20	22	25	27	29	32	34
	75	22.33	13	16	19	21	24	27	30	33	36	39	42
	80	27.97	16	20	23	27	31	34	38	41	45	49	52
	85	35.93	21	25	30	35	39	44	49	53	58	63	67
40	60	12.51	6	8	9	10	12	13	14	15	17	18	19
	65	15.16	8	9	11	12	14	16	17	19	20	22	24
	70	18.25	9	11	13	15	17	19	21	23	24	26	28
	75	22.33	11	14	16	18	21	23	25	28	30	32	35
	80	27.97	14	17	20	23	26	29	32	35	37	40	43
	85	35.93	18	22	26	29	33	37	41	44	48	52	56

续表

绿化率/%	年径流总量控制率/%	设计降雨量/mm	透水铺装不同规模占比下对应的生物滞留蓄水深度/mm										
			100%	90%	80%	70%	60%	50%	40%	30%	20%	10%	0%
45	60	12.51	6	7	8	9	10	11	12	13	14	15	16
	65	15.16	7	8	9	11	12	13	15	16	17	18	20
	70	18.25	8	10	11	13	14	16	17	19	21	22	24
	75	22.33	10	12	14	16	18	19	21	23	25	27	29
	80	27.97	12	15	17	20	22	24	27	29	32	34	36
	85	35.93	16	19	22	25	28	31	34	37	41	44	47
50	60	12.51	5	6	7	8	9	9	10	11	12	13	14
	65	15.16	6	7	8	9	10	11	12	13	15	16	17
	70	18.25	7	9	10	11	12	14	15	16	18	19	20
	75	22.33	9	11	12	14	15	17	18	20	21	23	25
	80	27.97	11	13	15	17	19	21	23	25	27	29	31
	85	35.93	14	17	19	22	24	27	29	32	34	37	40
55	60	12.51	5	5	6	7	7	8	9	10	10	11	12
	65	15.16	6	6	7	8	9	10	11	12	12	13	14
	70	18.25	7	8	9	10	11	12	13	14	15	16	17
	75	22.33	8	9	11	12	13	15	16	17	18	20	21
	80	27.97	10	12	13	15	17	18	20	21	23	25	26
	85	35.93	13	15	17	19	21	23	25	27	30	32	34
60	60	12.51	4	5	5	6	7	7	8	8	9	9	10
	65	15.16	5	6	6	7	8	9	9	10	11	11	12
	70	18.25	6	7	8	9	9	10	11	12	13	14	15
	75	22.33	7	8	10	11	12	13	14	15	16	17	18
	80	27.97	9	11	12	13	15	16	17	18	20	21	22
	85	35.93	12	14	15	17	19	20	22	24	25	27	29
65	60	12.51	4	4	5	5	6	6	7	7	8	8	9
	65	15.16	5	5	6	6	7	7	8	9	9	10	10
	70	18.25	6	6	7	8	8	9	10	10	11	12	12
	75	22.33	7	8	9	9	10	11	12	13	14	14	15
	80	27.97	9	10	11	12	13	14	15	16	17	18	19
	85	35.93	11	12	14	15	16	18	19	21	22	23	25
70	60	12.51	4	4	4	5	5	5	6	6	7	7	7
	65	15.16	4	5	5	6	6	7	7	8	8	8	9
	70	18.25	5	6	6	7	7	8	9	9	10	10	11
	75	22.33	6	7	8	9	9	10	10	11	12	12	13
	80	27.97	8	9	10	11	11	12	13	14	15	16	16
	85	35.93	10	11	12	14	15	16	17	18	19	20	21

绿化率/%	年径流总量控制率/%	设计降雨量/mm	透水铺装不同规模占比下对应的生物滞留蓄水深度/mm										
			100%	90%	80%	70%	60%	50%	40%	30%	20%	10%	0%
75	60	12.51	3	4	4	4	5	5	5	5	6	6	6
	65	15.16	4	4	5	5	5	6	6	7	7	7	8
	70	18.25	5	5	6	6	7	7	7	8	8	9	9
	75	22.33	6	6	7	8	8	9	9	10	10	11	11
	80	27.97	7	8	8	9	10	11	11	12	13	13	14
	85	35.93	10	10	11	12	13	14	15	15	16	17	18
80	60	12.51	3	3	4	4	4	4	4	5	5	5	5
	65	15.16	4	4	4	5	5	5	5	6	6	6	6
	70	18.25	5	5	5	6	6	6	7	7	7	7	8
	75	22.33	6	6	6	7	7	8	8	8	9	9	9
	80	27.97	7	7	8	8	9	9	10	10	11	11	12
	85	35.93	9	10	10	11	12	12	13	13	14	15	15
85	60	12.51	3	3	3	3	4	4	4	4	4	4	4
	65	15.16	4	4	4	4	4	5	5	5	5	5	5
	70	18.25	4	5	5	5	5	5	6	6	6	6	7
	75	22.33	5	6	6	6	6	7	7	7	7	8	8
	80	27.97	7	7	7	8	8	8	9	9	9	10	10
	85	35.93	8	9	9	10	10	11	11	12	12	12	13

表 6-5 模型中生物滞留参数设置

参数	数值	单位
树皮覆盖层深度	50.00	mm
土壤层深度	600.00	mm
蓄水层深度	300.00	mm
植被体积比	0.18	—
孔隙度	0.60	%
田间持水量	0.20	%
电导率	30.00	mm/h
渗透速率	1.00	mm/h

表 6-6 模型中透水铺装参数设置

参数	数值	单位
蓄水层深度	10.00	mm
植被体积比	0	—
地表粗糙度	0.01	—

续表

参数	数值	单位
地面坡度	0.30	%
路面层厚度	60.00	mm
路面层孔隙比	0.15	—
不透水地表分数	0	—
渗透速率	250.00	mm/h
路面层堵塞系数	0	—
蓄水层厚度	230.00	mm
蓄水层孔隙比	0.60	—
蓄水层渗透速率	10.00	mm/h
蓄水层堵塞系数	0	—
排水层流量系数	2.50	mm/h
土壤层厚度	42.00	mm
土壤层孔隙率	0.67	—
土壤层导水率	15.00	mm/h
土壤层吸水头	3.50	mm

2. 降雨条件设置

降雨条件和情景设置与本书"4.1.3 降雨条件设置"相同。

3. 模型模拟结果

分别将生物滞留和透水铺装两类设施根据生物滞留和透水铺装的规模占比情况按 0%，10%，20%，…，100% 进行分配，分别进行长期降雨模拟，得到不同雨水设施规模占比对雨水径流控制效果的影响，并建立不同绿化率条件下透水铺装占比-生物滞留占比-雨水年径流总量控制率关系图（图6-3）。

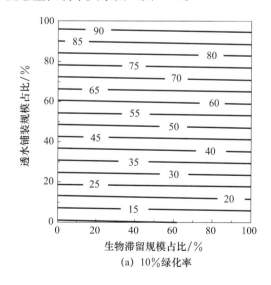

(a) 10%绿化率

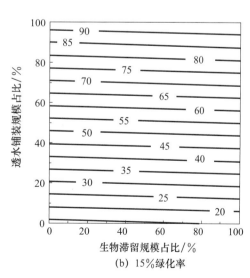

(b) 15%绿化率

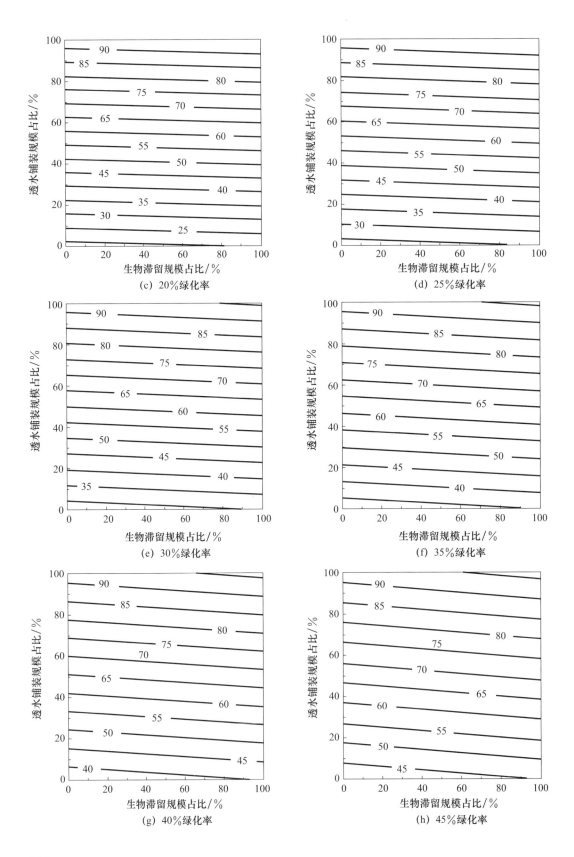

(c) 20%绿化率

(d) 25%绿化率

(e) 30%绿化率

(f) 35%绿化率

(g) 40%绿化率

(h) 45%绿化率

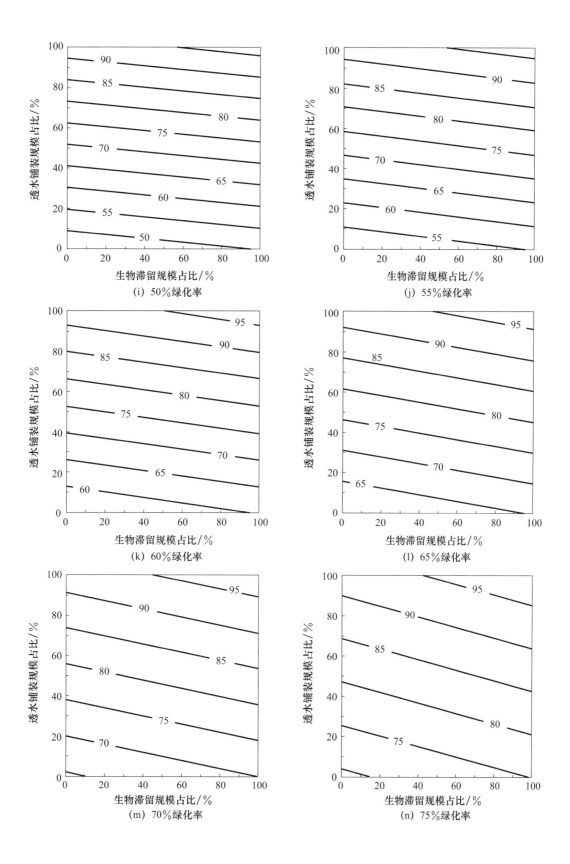

(i) 50%绿化率

(j) 55%绿化率

(k) 60%绿化率

(l) 65%绿化率

(m) 70%绿化率

(n) 75%绿化率

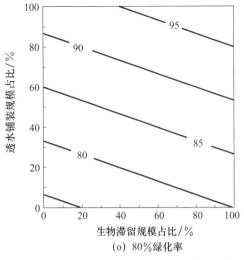 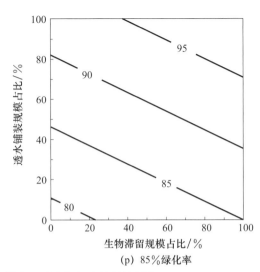

(o) 80%绿化率   (p) 85%绿化率

图 6-3 不同绿化率下雨水设施规模占比对应年径流总量控制率

从结果可以看出,建筑小区的绿化率越高,开展海绵城市建设的本底条件越好,进行海绵城市设施建设时可利用空间越大,所受限制越少,达到相同年径流总量控制水平所需的生物滞留蓄水深度下限相应更低。同等生物滞留和透水铺装规模占比条件下,绿化率更高的建筑小区能够实现更高的年径流总量控制效果。这一关系曲线可为泸州市建筑小区海绵化改造设计提供有益参考和借鉴。

6.2 泸州市建筑小区景观效果及植物搭配

植物景观搭配是建筑小区海绵城市建设景观效果达成的关键因素。建筑小区中的景观植物,与人们的日常生活紧密联系,除了具有良好的景观效果外,还可以吸收和净化雨水,从而解决城市暴雨积水内涝、雨水径流污染等问题。

6.2.1 建筑小区植物搭配原则

1. 优先选用本土植物类型

本地化植物对当地气候土壤条件有较强的适应能力,能够发挥较好的径流控制和截污净化能力,在景观效果上能体现出明显的地方特色,是海绵城市建设中的植物首选。建筑小区的植物景观配置应首选本地植物,同时适当搭配经过严格驯化的外来物种,在提高物种多样性的同时避免物种入侵风险。

泸州市常见的景观植物有 388 种,其中 70% 以上为泸州市野生植物、归化植物和驯化植物(含衍生种),具有显著的本土优势。其中,泸州市乔木类植物应用较多的有皂荚、银杏、苹婆、香樟、桂圆、蓝花楹、黄葛树、小叶榕等;藤本灌木类植物中,泸州市大量栽植三角梅、毛叶丁香、杜鹃等本土品种,也适量引进金禾女贞、小丑火棘、红背桂、荚蒾等外地优良品种,使景观植物品种搭配更加丰富多样;在竹类及水生植物使用中,泸州市具有本土优势,主要选用罗汉竹、西风竹、稍竹、荷花、菖蒲、水葱等本土植物;草本类景观植物品种则更替较为频繁,可依据不同建筑小区的功能特性和地理区划进行选择。

2. 植物具备一定的耐淹特性

我国不同地区城市气候类型存在异质性,各地对应海绵城市设计降雨量也有所不同,而雨水设施中的雨水径流需在 24～48h 内通过植被蒸发、土壤渗透、溢流等途径全部排空并恢复至降雨前的状态，才能对下一次降雨进行控制与利用，发挥雨水设施设计功能。因此，植物的耐淹能力对设施雨水控制与利用功能的发挥至关重要，植物被淹没时长也会对植物生长造成影响。在植物配置过程中，需要根据土壤类型和设计降雨量等指标选择耐淹植物，避免土壤水分过高影响植物生长。根据不同植物的耐淹特性将景观植物分类，见表 6-7。

表 6-7 景观植物耐淹特性

耐淹情况	特点	品种
耐长期深水浸淹	当水退后生长正常或略见衰弱，树叶有黄落现象，但能恢复生长	垂柳、旱柳、龙爪柳、榔榆、桑、柘树、豆梨、杜梨、怪柳、紫穗槐、落羽杉、中山杉、池杉等
耐较长期深水浸淹	水退后生长衰弱，新枝、幼茎也常枯萎，但有萌芽力，以后仍能萌发恢复生长	水松、棕榈、栀子、麻栎、枫杨、榉树、山胡椒、沙梨、枫香、悬铃木、紫藤、苦速、乌相、重阳木、柿子树、葡萄、雪柳、白蜡、凌霄等
耐较短期水淹	水退后植物生长呈衰弱态势	侧柏、千头柏、圆柏、龙柏、水竹、紫竹、广玉兰、夹竹桃、木香、李树、苹果、臭椿、香椿、卫矛、紫薇、丝绵木、石榴、喜树、黄荆、迎春、枸杞、黄金树等
耐短期水淹	超过时间即枯萎，一般经短期水淹后生长明显衰弱	罗汉松、黑松、刺柏、樟树、枸橘、花椒、冬青、小蜡、黄杨、胡桃、板栗、白榆、朴树、梅、杏、合欢、皂荚、紫荆、南天竹、溲疏、无患子、刺楸、三角枫、梓树、连翘、金钟花等

3. 植物具备一定的雨水削减能力

海绵型建筑小区的景观植物需要具备一定的雨水削减能力，依靠乔木和灌木的冠层部分截留自然降雨，可以有效延缓雨水径流产生时间，降低雨水径流产生量。采用水量平衡法可计算植物群落冠层雨水截留量，冠层雨水截流量为降雨量减去穿透雨量和植物茎流量。冠层雨水截留率为冠层雨水截留量与降雨量的比值，植物冠层雨水截留率可以综合体现景观植物的雨水调蓄能力。相关计算公式详见"4.3.3 植物配置形式"。

计算不同植物配置下的平水年冠层雨水截留率，见表 6-8。根据计算结果，乔灌草混合型植物配置情景下植物冠层雨水截留率最高，因此在进行以雨水调蓄利用为主要目标的海绵型建筑小区植物配置时可优先考虑此类搭配。

表 6-8 不同植物配置下的平水年冠层雨水截留率

类型	叶面积指数	郁闭度	平均冠幅/m	平均胸径/m	平均树高/m	平均枝高/m	雨水穿透率/%	冠层雨水截留率/%
乔灌草混合	4.3	1.0	5.4	75	13.8	2.3	50	50
乔灌混合	3.8	1.0	5.2	65	9.3	2.2	56	44
乔草混合	3.6	0.9	4.9	60	9.1	2.1	63	37
单层乔木	3.5	0.9	4.7	45	6.2	2.0	66	34
灌草混合	3.5	0.6	1.5	42	5.8	1.2	70	30
单层灌木	2.5	0.6	1.2	20	5.6	1.1	71	29
单层草本	1.6	0.3	0.5	5	1.8	0.7	76	24

4. 结合不同雨水设施的特点

《海绵城市建设技术指南——低影响开发雨水系统构建（试行）》中推荐了 17 种雨水控制利用设施，不同设施按照其功能和特点，对植物搭配也有不同要求。

生物滞留对植物景观效果要求较高，缓冲区植物应兼具耐淹、耐旱和抗雨水冲刷的功能；边缘区植物应更多考虑耐旱能力，在植物类型和景观效果上充分衔接。

下沉式绿地可以乔灌草搭配为主，设施的溢流口和汇水区入口易被杂物阻塞，应在不影响排水的前提下选用低矮灌木植被进行遮挡和美化；汇水区外坡应种植固土植被，防止雨水的冲刷，内侧植物需具备一定的耐淹能力，结合不同高度复合设计，充分发挥植物调蓄径流、净化水质的功能和观赏价值。

绿色屋顶一般分为简单式绿色屋顶和花园式绿色屋顶两种类型。简单式绿色屋顶可以草本地被规则式满铺，使得视线通透，景观效果简洁大方；花园式绿色屋顶可以根据景观需要种植小乔木，将乔灌草进行多层次组合。

湿塘种植区域包含前置塘、主塘和湿塘外部。前置塘可种植挺水、浮水等水生植物，兼具净化水体和景观效果；主塘应种植耐短期水淹的植物，宜乔灌草相搭配，常水位以下的区域应种植各类水生植物；湿塘外部可通过地被灌木初滤雨水径流，进水口和溢流口植物需要具有发达的根系，防止水流冲刷。

植被缓冲带包含冠层滞留、表土疏渗和根际滞留3层。冠层滞留应多种植冠大荫浓的树种，利用多品种的乔灌木进行空间层次搭配，提高冠层滞留雨水量；表土疏渗可选用耐短期水淹的地被进行覆盖；根际滞留需要选择根系发达的植被。

植草沟包含转输型干式植草沟、渗透型干式植草沟、湿式植草沟3类。转输型干式植草沟植物高度应控制在100~200mm，植物需要耐短期水淹；渗透型干式植草沟对雨水的阻挡能力有限，可以通过地被植被满铺覆盖种植，提升雨水净化效果；湿式植草沟的主要功能在于水质净化。

5. 植物景观效果

径流削减和水质净化是海绵型建筑小区建设时最重要的功能，但往往会因此忽略其美学效果，雨水设施需重视其美学效果和所产生的文化教育功能会对居民有熏陶作用。在设计过程中利用植被的高度、形态、色彩、季相变化、空间组合等进行艺术性的配置，避免平面化严重的植物配置方式，实现户户见景，使居民了解海绵城市的功能和居民自身在海绵城市建设过程中的作用。

6.2.2 建筑小区植物景观效果

植物是建筑小区景观营造的主要素材，海绵型建筑小区植物景观设计效果需要考虑植物高度、植物形态、植物色彩、植物季相变化、植物空间组合等方面。

1. 植物高度

根据不同植物的高度和作用对其进行分类，见表6-9。图6-4给出了不同类型植物高度，可以根据植物高度形成错落有致的植物搭配模式。

表6-9 景观植物高度

分类	高度	作用	代表植物
大中型乔木	8m以上	景观空间基本结构和骨架	雪松、广玉兰、香樟、乌桕、银杏等
小乔木和高灌木	3~6m	景观分隔、空间限制与围合、视线焦点与构图中心	桃、李、梅、石榴、夹竹桃、海棠等
中小灌木	0.5~2m	形成矮墙、篱笆、护栏	山茶、杜鹃、栀子、黄杨等
草本植物	30cm以下	引导视线，暗示空间边缘，形成平面构图	麦冬、红花酢浆草、爬行卫矛等

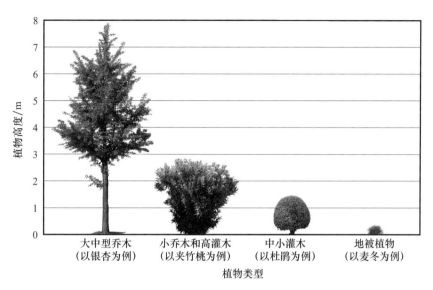

图 6-4 不同类型植物高度示意图

2. 植物形态

植物形态直接影响景观构图和布局的统一性和多样性，形成视线焦点和构图中心，给人们带来不同的空间感受。常见的植物形态见表 6-10。图 6-5 给出了不同类型植物形态。

表 6-10 常见的植物形态

植物形态	具体特征	视觉心理	代表植物
纵向伸展型	具有明显的垂直轴线	挺拔向上的生长趋势引导视线向上延伸	圆柏、意大利杨、云杉、雪松、钻天杨等
水平延伸型	具有水平方向生长趋势	构图产生外延感和广阔感	铺地柏、沙地柏、凤尾兰、金钟等
枝条悬垂型	具有悬垂向下的枝条	将视线引向地面	垂柳、龙爪槐、垂枝榆、垂枝桦、迎春等
球状无向型	具有球形、椭圆形或半球形的树冠	不特意引导视线方向	黄杨、馒头柳、桂花、榕树、海桐、鹅掌楸、香樟等
独立成景型	形状奇特，姿态万千	聚集视线焦点，孤植独赏	黄山松等

(a) 纵向伸展型
(以圆柏为例)　(b) 水平延伸型
(以铺地柏为例)　(c) 枝条悬垂型
(以垂柳为例)　(d) 球状无向型
(以黄杨为例)　(e) 独立成景型
(以黄山松为例)

图 6-5 不同类型植物形态示意图

3. 植物色彩

景观植物的色彩相比形状更能带来视觉感受，不同色彩的植物会引导出不同的视觉心理效果。各种植物色彩的视觉效果见表6-11。图6-6给出了不同类型植物色彩。

表6-11 不同植物色彩的视觉效果

色彩	视觉心理	代表植物
白色系	给人素雅、明亮、纯洁、神圣、高尚之感	白玉兰、白杜鹃、国槐、银叶菊等
红色系	给人热情奔放、兴奋、活力、积极向上之感	月季、碧桃、紫荆、石榴、金银木、枸杞、红瑞木等
黄色系	给人愉悦、明快、灿烂、光辉、华丽之感	迎春、棣棠、万寿菊、七叶树、金叶女贞、洒金东瀛珊瑚等
绿色系	给人和平、宁静、稳重之感	大多数落叶树春季叶片颜色
蓝色系	给人冷静、沉着、深远、宁静、阴郁之感	二月兰、牵牛花、乌头、马兰等
紫色系	给人高贵、神秘、庄重、优雅之感	薰衣草、紫罗兰、紫丁香、风信子、三色堇、紫牵牛、桔梗等

白色系　　红色系　　黄色系　　绿色系　　蓝色系　　紫色系
（以银叶菊为例）（以月季为例）（以万寿菊为例）（以海桐为例）（以二月兰为例）（以桔梗为例）

图6-6 不同类型植物色彩示意图

在进行景观植物色彩搭配时，要考虑到色彩的视觉感官效果，对于不同的海绵型小区宜采用不同的色彩理念，掌握不同色彩给人的差异性视觉感受。根据色彩搭配原则，表6-12给出几种常见搭配形式。除此之外，还可根据植物色彩意境营造需求选取植物色彩搭配模式（表6-13）。

表6-12 基于色彩搭配原则的植物色彩搭配模式

类型	说明
同类色	由明度、彩度发生变化所产生的效果，在满足色彩过渡和层次感的同时，不增加过多的空间负担。如在大面积的草坪中种植一些绿色植物，既可以使整个空间丰富起来，也不会影响草坪整体视觉上的空间感
相邻色	选用色相环上相邻或者相近色彩的植物。相邻色营造的效果协调统一，令人舒缓、平和。如果相邻色花境色彩比较浓烈，也会让人激动、振奋。例如蓝色、黄色系花的植物和常绿植物搭配，给人感觉舒缓平静，而橙色系花的植物与黄色、红色系花的植物配置在一起，则可以营造出热情、活跃的协调色的效果
对比色	冷暖两种颜色通常可形成对比。对比色配置在一起，不再令人舒心平和，而会让人产生冲突甚至不安之感，例如，马鞭草的淡紫色与黄花耧斗菜的黄色花会形成强烈的对比，因为紫色和黄色在色相环上相距很远
互补色	色相环上处于相对位置的颜色，称之为"互补色"，因为彼此间有完全不同的色彩元素。红色和绿色，橙色和蓝色，黄色和紫色都互为互补色。将互补色配置在一起，会带来最令人振奋的色彩效果，因为色相环上的位置相对的颜色能够形成最为强烈的对比

表 6-13 基于色彩意境营造的植物色彩搭配模式

类型	说明	示例
热烈奔放	绿色与红色、橙色植物搭配，色域范围为中高明度、高彩度，能够在空间上拉开层次，形成热烈奔放的氛围	①R：225；G：0； B：0 ②R：237；G：125；B：49 ③R：146；G：208；B：80
淡然雅致	淡紫色、淡黄色与绿色植物搭配，色域范围为中高明度，能够形成淡然雅致、轻松弛缓的氛围	①R：255；G：229；B：153 ②R：204；G：153；B：255 ③R：146；G：208；B：80
清新自然	黄绿色同色系植物搭配，色域范围为中高明度，色彩接近，能形成清新自然、闲适洒脱的氛围	①R：255；G：229；B：153 ②R：255；G：192；B：0 ③R：146；G：208；B：80
灵动雀跃	绿色与紫色、黄色植物搭配，色域范围为高彩度，能形成灵动雀跃的氛围	①R：112；G：48；B：160 ②R：255；G：192；B：0 ③R：146；G：208；B：80
温和静谧	灰紫色与其他植物搭配，色域范围为中明度、低彩度，能形成静谧、含蓄的氛围	①R：204；G：153；B：255 ②R：156；G：194；B：229 ③R：146；G：208；B：80

4. 植物季相变化

景观植物往往会随着季节变化表现出不同的季相特征，在植物搭配上构成四时演替的时序景致。在植物配置过程中要体现出多单元、多层次的特点，通过对春花、夏叶、秋实、冬干的合理配置，形成和谐统一、层次丰富的整体，做到四时之景不同，而四时皆有景可观。不同季节可以选用的植物种类见表 6-14。

表 6-14 不同季节适宜的植物品种

季节	特点	植物种类
春季	百花争艳，姹紫嫣红，乔灌木、花卉生长旺盛	碧桃、迎春、白玉兰、樱花、榆叶梅、连翘、丁香、绣线菊、黄刺玫、牡丹、海棠等
夏季	绿荫浓郁，林草茂盛，同时夏季也有很多开花植物，可以在大片绿色中搭配鲜艳的花朵	荷花、合欢、紫薇、木槿、栾树、珍珠梅等
秋季	硕果累累，增添丰收的喜悦，可以利用红色或黄色的果实点缀迷人秋景	山楂、花楸、荚蒾、南天竹、冬青、石楠等
冬季	南方冬季以常绿树木为主，在其中点缀一些落叶树木，更能在冬日中体现生机勃勃之感	雪松、龙柏、桂花、红豆杉、白皮松等常绿树木

5. 植物空间组合

植物作为三维实体，是营造景观空间结构的主要组成部分，具有构成空间、分隔空间、引导空间的功能。植物在空间上的变化可以通过引导人们视点、视线、视域的改变产生景观效果的变化。不同植物的空间组合形式见表 6-15。

表 6-15　不同植物的空间组合形式

类型	说明	图例
开放空间	仅用低矮的灌木和地被植物作为空间限定因素，形成四周开敞的开放空间，无封闭感，空间要素对视线没有遮挡	
半开放空间	与开放空间类似，但空间一面或多面受到较高乔木的封闭，限制视线通透性，其方向性朝向封闭较少的一侧	
垂直开放空间	此类空间垂直方向敞开，水平方向封闭，利用高而细的植物将人的视线引向上方，给人以直立的空间感	
顶部封闭空间	利用具有浓密树冠的遮阴乔木形成顶部覆盖、四周敞开的空间，人的视线和行动不受限制，但有一定的遮蔽感	
全封闭空间	此类空间在水平方向受到中小型植物封闭、垂直方向受到顶部覆盖植物封闭，形成完全封闭的空间，内部无方向性，有强烈的遮蔽性，给人较强的封闭感	

6.2.3　建筑小区植物搭配模式

　　建筑小区内涉及植物配置的区域主要包含小区入口绿地、小区道路绿地、建筑周围绿地、公共休闲绿地、景观水体绿地五种类型。不同区域因具有不同的功能和特性，需要分别设计相应的植物搭配模式。

1. 小区入口绿地

小区入口是建筑小区与周边环境的衔接点，需要将城市本地特点与建筑小区风格相结合，搭配色彩明快的植物，使小区入口更具鲜明特色，增强标志性。小区入口绿地的植物搭配模式主要包含规则排布式和景观结合式两种。

（1）规则排布式。通过植物规则的轴线感，引导空间，确保行人和车辆进出交通安全，道路两侧对称种植规整挺拔的乔灌木，点缀色彩鲜艳的地被草本植物。

（2）景观结合式。将植物与景观小品进行组合，形成视觉焦点。

2. 小区道路绿地

建筑小区的道路绿地是连接小区各功能区的网络，对建筑小区的景观效果影响显著。小区道路绿地的植物搭配模式主要包含舒展通透式和层次多变式两种。

（1）舒展通透式。用于小区内部主路，植物搭配需要保证视线通透，从而确保人行和车行安全。上层选择大型乔木，营造秩序美；中层选择适于不同季节、不同颜色的灌木间隔种植；下层则可选择草坪、时令花卉和匍匐类藤本等植物。

（2）层次多变式。用于小区内部支路。植物搭配形式不受电线杆等障碍限制，但需兼顾夏季遮阴和冬季不挡光两方面的效果。上层可对称种植行道树，下层配置常绿灌木，增加绿化层次。道路交叉口用乔灌草小群落引导人流并局部成景。

3. 建筑周围绿地

建筑周围绿地是建筑小区绿地的重要组成部分，包含建筑前侧、后侧以及建筑本身的绿化用地，与建筑小区居民日常生活最为贴近。植物搭配时需要考虑植物和建筑的关系，根据建筑大小、高度、色彩、风格，选择适合的植物。建筑周边绿地的植物搭配模式主要包含集中组景式和分散成景式两种。

（1）集中组景式。单元入户和建筑正面，将植物与假山石、花坛、雕塑等景观组合，形成个性化突出、具有可识别性的景观效果。

（2）分散成景式。宅间绿地内，利用植物群落层次搭配、多种形式相结合，注重植物个体形态的修剪，进而营造不同类型景观空间。

4. 公共休闲绿地

公共休闲绿地是建筑小区内部兼具多种功能的公共活动空间，为小区居民提供休息、娱乐、交流、观赏、运动等活动的场地，需要具备较好的景观效果。公共休闲绿地的植物搭配模式主要包含对称开敞式和自然错落式两种。

（1）对称开敞式。植物种植沿中轴线对称，整齐庄重、简洁大气，空间布局开敞，具有轴线感和方向性；草坪平整开阔、舒适通透，方便居民活动。

（2）自然错落式。常常结合建筑、道路以及景观小品进行自由组合搭配，形成多种形式相结合的空间组合，自由地连接各区域，植物自然错落布置，层次分明。

5. 景观水体绿地

部分建筑小区内部包含景观水体，除需考虑乔、灌、草植物搭配外，还需对水生植物的布局进行设计。由于下垫面形式多样，因此植物搭配方式也丰富多样，可以将自然错落式与规则排布式相结合，形成自由混合式的植物搭配模式。此模式下景观植物元素多样，易于形成灵活变化、错落有致的景观效果。

建筑小区五类区域的典型植物搭配模式见表6-16。

表 6-16　建筑小区不同区域典型植物搭配模式

区域	搭配模式	植物搭配样例			备选植物样例
小区入口绿地	规则排布式	①乔木植物	银杏	广玉兰	香樟	榉树、桂花、柑橘
		②灌木植物	黄杨	海桐	结香	春鹃、夏鹃、八仙花
		③草本植物	麦冬	三色堇	月季	太阳花、马尼拉草
	景观结合式	①乔木植物	白玉兰	红枫	桂花	香樟、广玉兰、银杏、罗汉松、日本晚樱
		②灌木植物	小叶黄杨	红叶石楠	南天竹	春鹃、海桐、红花檵木、八仙花
		③草本植物	麦冬	三色堇	月季	紫鸭跖草
小区道路绿地	舒展通透式	①乔木植物	榉树	三角枫	紫荆	广玉兰、早樱、二乔玉兰、杨梅、鸡爪槭
		②灌木植物	山茶	红花檵木	六月雪	海桐、龟甲冬青、夏鹃、雀舌黄杨、金禾女贞、结香
		③草本植物	麦冬	兰花	鸢尾	马尼拉草
	层次多变式	①乔木植物	梅花	碧桃	垂丝海棠	朴树、香樟、银杏、无患子、紫薇、日本晚樱、桂花、柑橘、鸡爪槭、石榴
		②灌木植物	海桐	栀子花	八仙花	大花六道木、龟甲冬青、春鹃、枸骨、洒金桃叶珊瑚
		③草本植物	玉簪	美人蕉	沿阶草	三色堇、菲白竹、麦冬
建筑周围绿地	集中组景式	①乔木植物	杨梅	鸡爪槭	木槿	紫玉兰、乐昌含笑、榉树、桂花、垂丝海棠、蒲葵、苏铁
		②灌木植物	南天竹	山茶	栀子花	美人蕉、黄金枸骨、海桐、春鹃、紫叶小檗
		③草本植物	吉祥草	百日草	黄金菊	三色堇、太阳花、月季、马尼拉草
	分散成景式	①乔木植物	榉树	栾树	香樟	二乔玉兰、桂花、早樱、碧桃、紫荆、梅花、红枫
		②灌木植物	小叶女贞	海桐	结香	春鹃、龟甲冬青、十大功劳、八角金盘
		③草本植物	麦冬	玉簪	鸢尾	三色堇、马尼拉草
公共休闲绿地	对称开敞式	①乔木植物	白玉兰	紫薇	日本晚樱	白玉兰、榉树、乐昌含笑、桂花、碧桃、紫薇、木槿、日本晚樱
		②灌木植物	金边黄杨	茶梅	八仙花	金边黄杨、茶梅、海桐球、夏鹃、红花檵木球、八角金盘、八仙花
		③草本植物	麦冬	月季	矮牵牛	马尼拉草
	自然错落式	①乔木植物	广玉兰	雪松	杨梅	乐昌含笑、香樟、银杏、无患子、水杉、合欢、榉树、红枫
		②灌木植物	红叶石楠	山茶	春鹃	金禾女贞、火棘、八仙花、大花六道木、结香、栀子花、马樱丹
		③草本植物	麦冬	红花酢浆草	石竹	兰花三七、月季、三色堇、葱兰、百日菊、沿阶草

区域	搭配模式	植物搭配样例				备选植物样例
景观水体绿地	自由混合式	①乔木植物	香樟	皂荚	蓝花楹	女贞、广玉兰、朴树、乌桕、垂柳、水杉、枫杨、鸡爪槭
		②灌木植物	三角梅	毛叶丁香	金禾女贞	山茶、海桐、夏鹃、八角金盘、雀舌黄杨、南天竹、栀子花
		③草本植物	沿阶草	黄金菊	麦冬	花叶蔓长春、兰花三七、五彩苏、石蒜、月季、马尼拉草、肾蕨
		④水生植物	睡莲	香蒲	蒲苇	鸢尾、再力花、千屈菜、美人蕉、水葱

7 泸州市建筑小区雨水控制与利用设计

在系统总结西南丘陵城市建筑小区排水分区、地形条件、内涝发生风险、雨污混错接等方面问题的基础上，通过结合内涝控制、雨水调蓄利用、径流污染控制、景观效果等方面要求对不同雨水设施组合形式和植物搭配方案进行研究，提出典型建筑小区雨水控制利用模式和主要技术路线。

7.1 泸州市建筑小区雨水控制利用模式设计思路

海绵型建筑小区雨水控制利用模式旨在实现建筑小区的内涝控制、雨水调蓄利用、径流污染控制，提升海绵城市建设效果。其设计应遵循"因地制宜、经济适用"的原则，满足城市总体规划、海绵城市专项规划等上位规划的要求，按照问题识别与目标确定、雨水控制利用设施选择、雨水控制利用设施组合形式确定、雨水控制利用设施设计计算、雨水控制利用设施植物搭配的总体思路开展设计（图7-1）。

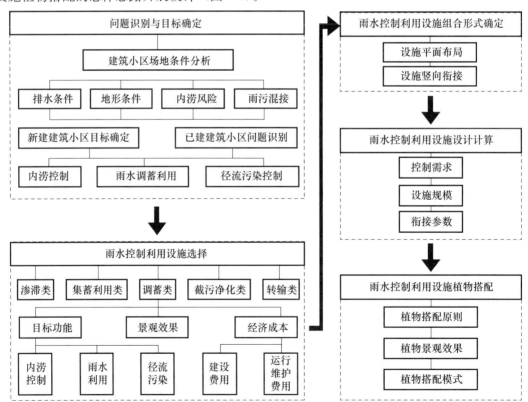

图 7-1　海绵型建筑小区雨水控制利用模式设计流程

1. 明确海绵型建筑小区主要控制目标

海绵型建筑小区雨水控制利用模式设计首先应根据建筑小区的排水条件、地形条件、内涝风险、雨污混接等基本情况进行场地条件分析，对新建建筑小区以目标为导向，对已建小区以实际问题为导向，从内涝控制、雨水调蓄利用、径流污染控制等方面确定建筑小区雨水控制利用设计的主要目标。

2. 选择雨水控制利用设施

明确主要目标后，应根据雨水控制利用设施的目标功能、经济成本、景观效果合理选择渗滞类设施、集蓄利用类设施、调蓄类设施、截污净化类设施、转输类设施。

3. 对拟选用的雨水控制利用设施进行空间布局

对雨水控制利用设施进行初选后，应结合建筑小区场地特征对雨水控制利用设施的平面布局和竖向衔接进行合理布设。

4. 雨水控制利用设施设计计算

雨水控制利用设施设计计算应结合海绵型建筑小区内涝控制、雨水调蓄利用、径流污染控制需求，合理设计设施规模和关键衔接参数。

5. 雨水控制利用设施植物搭配

雨水控制利用设施应进行合理的植物搭配，结合当地自然本底条件和植物搭配原则，在保证设施功能的前提下发挥植物景观效果。

7.1.1 问题识别与目标确定

海绵型建筑小区的雨水控制利用模式设计应考虑新建建筑小区和已建建筑小区的不同，分别确定相应的雨水控制利用模式设计目标。新建建筑小区雨水控制利用模式设计应重点分析建筑小区的排水条件、地形条件、内涝风险，针对内涝控制、雨水调蓄利用、径流污染控制等方面条件，突出目标导向特征。已建建筑小区可能存在建设年代久远、排水设施老旧等问题，其雨水控制利用模式设计应因地制宜，突出问题导向特征。

1. 新建建筑小区目标确定

建筑小区在排水分区中有可能处于上游区域或下游区域，不同位置特征下建筑小区排水特点不同，应分别考虑其雨水控制利用模式设计目标。设计时应充分考虑建筑小区与所在排水分区区位条件（"5.1.3 建筑小区的分布形式"）和地表组织排水类型（"5.2.2 地表组织排水类型"）特征，并考虑建筑小区内涝风险发生的可能性（"5.3.3 内涝发生风险评估"）。

新建建筑小区应按照排水条件、地形条件、内涝风险，因地制宜地从内涝控制、雨水调蓄利用、径流污染控制三种控制目标中选择适宜的雨水控制利用模式设计目标，见表 7-1。

表 7-1　新建建筑小区雨水控制利用模式设计目标选择参考

场地基础条件		主要控制目标		
条件类别	具体类型	内涝控制	雨水调蓄利用	径流污染控制
排水条件	上游	○	○	○
	下游	●	●	○
地形条件	平坡型	○	○	○
	斜坡型	○	○	○
	阶梯型	○	●	○
	内高外低型	○	●	○
	内低外高型	●	○	○

续表

场地基础条件		主要控制目标		
条件类别	具体类型	内涝控制	雨水调蓄利用	径流污染控制
内涝风险	低风险	○	○	○
	较低风险	○	○	○
	中风险	◎	○	○
	较高风险	●	○	○
	高风险	●	○	○

注：●表示应选择，◎表示宜选择，○表示可选择。

2. 已建建筑小区问题识别

已建建筑小区在排水条件、地形条件、内涝风险三个方面的场地基础条件分析可参考新建建筑小区目标确定的方法，除上述三方面因素外，已建建筑小区还需结合雨污混接程度进行综合分析。按照排水条件、地形条件、内涝风险、雨污混接程度，因地制宜地从内涝控制、雨水调蓄利用、径流污染控制三种控制目标中选择适宜的雨水控制利用模式设计目标，见表7-2。

表7-2 已建建筑小区雨水控制利用模式设计目标选择参考

场地基础条件		主要控制目标		
条件类别	具体类型	内涝控制	雨水调蓄利用	径流污染控制
排水条件	上游	○	○	○
	下游	●	●	○
地形条件	平坡型	○	○	○
	斜坡型	○	○	○
	阶梯型	○	●	○
	内高外低型	○	●	○
	内低外高型	●	○	○
内涝风险	低风险	○	○	○
	较低风险	○	○	○
	中风险	◎	○	○
	较高风险	●	○	○
	高风险	●	○	○
雨污混接程度	轻度混接	○	○	○
	中度混接	○	○	◎
	重度混接	○	○	●

注：●表示应选择，◎表示宜选择，○表示可选择。

7.1.2 雨水控制利用设施选择

建筑小区雨水控制利用设施选择应综合考虑设施的目标功能、经济成本、景观效果，对渗滞类设施、集蓄利用类设施、调蓄类设施、截污净化类设施、转输类设施进行综合比选。结合雨水控制利用设施的目标功能、经济成本、景观效果，对适宜在建筑小区中开展建设的雨水控制利用设施进行选择，见表7-3。

表 7-3　海绵型建筑小区雨水控制利用设施选择参考

设施类型	设施名称	目标功能			经济成本		景观效果
		内涝控制	雨水调蓄利用	径流污染控制	建设费用	运维费用	
渗滞类设施	透水砖铺装	●	○	◎	○	○	○
	透水水泥混凝土铺装	◎	○	◎	●	◎	○
	透水沥青混凝土铺装	◎	○	◎	●	◎	○
	构造透水铺装	●	○	◎	○	○	○
	嵌草透水铺装	●	○	◎	◎	●	○
	生物滞留带	●	○	◎	○	○	●
	雨水花园	●	○	◎	◎	○	●
	生态树池	●	○	◎	◎	○	●
	高位花坛	●	○	◎	◎	○	●
	下沉式绿地	●	○	◎	○	○	○
	简单式绿色屋顶	●	○	◎	●	◎	●
	花园式绿色屋顶	●	○	◎	●	●	●
	渗井	●	○	◎	○	○	○
集蓄利用类设施	蓄水池	●	●	◎	●	◎	○
	雨水罐	●	●	◎	○	○	○
调蓄类设施	调节塘	●	●	◎	●	○	○
	湿塘	●	●	◎	●	◎	●
	调节池	●	○	○	●	◎	○
截污净化类设施	人工土壤渗滤	○	●	●	●	●	○
	植被缓冲带	○	○	●	○	○	●
	自然土坡驳岸	○	○	●	○	○	●
	木桩驳岸	○	○	●	◎	◎	●
	石笼驳岸	○	○	●	◎	●	●
	连锁植草砖驳岸	○	○	●	●	●	●
	块石驳岸	○	○	●	○	○	●
	生态砌块驳岸	○	○	●	◎	●	●
	雨水湿地	●	●	●	●	◎	●
转输类设施	转输型干式植草沟	◎	◎	◎	○	○	○
	渗透型干式植草沟	●	○	◎	○	○	●
	湿式植草沟	○	○	●	◎	○	●
	渗管/渠	◎	○	◎	◎	◎	○

注：●表示较高，◎表示中等，○表示较低。

1. 以内涝控制为主要目标的设施选择

（1）渗滞类设施宜选用透水砖铺装、透水水泥混凝土铺装、透水沥青混凝土铺装、构造透水铺装、嵌草透水铺装、生物滞留带、雨水花园、生态树池、高位花坛、下沉式绿地、简单式绿色屋顶、花园式绿色屋顶、渗井等。

（2）集蓄利用类设施宜选用蓄水池、雨水罐等。

（3）调蓄类设施宜选用调节塘、湿塘、调节池等。

（4）截污净化类设施宜选用雨水湿地等。

（5）转输类设施宜选用转输型或渗透型干式植草沟、渗管/渠等。

2. 以雨水调蓄利用为主要目标的设施选择

（1）渗滞类设施可根据建筑小区场地条件选用适宜的设施种类。

（2）集蓄利用类设施宜选用蓄水池、雨水罐等。

（3）调蓄类设施宜选用湿塘等。

（4）截污净化类设施宜选用人工土壤渗滤、雨水湿地等。

（5）转输类设施宜选用转输型干式植草沟等。

3. 以径流污染控制为主要目标的设施选择

（1）渗滞类设施宜选用透水砖铺装、透水水泥混凝土铺装、透水沥青混凝土铺装、构造透水铺装、嵌草透水铺装、生物滞留带、雨水花园、生态树池、高位花坛、下沉式绿地、简单式绿色屋顶、花园式绿色屋顶、渗井等。

（2）集蓄利用类设施宜选用蓄水池、雨水罐等。

（3）调蓄类设施宜选用调节塘、湿塘等。

（4）截污净化类设施宜选用人工土壤渗滤、植被缓冲带、自然土坡驳岸、木桩驳岸、石笼驳岸、连锁植草砖驳岸、块石驳岸、生态砌块驳岸、雨水湿地等。

（5）转输类设施宜选用转输型干式植草沟、渗透型干式植草沟、湿式植草沟、渗管/渠等。

7.1.3 雨水控制利用设施组合形式

海绵型建筑小区雨水控制利用设施组合应全面考虑设施平面布局形式和竖向衔接形式。

1. 平面布局形式

建筑小区内建筑及附属设施的平面布局应满足：①建筑屋面、小区路面、广场等的径流雨水应通过有组织的汇流与转输，经预处理后引入小区绿地内的渗透、储存、调节设施；②对于面积较大、非单一地块的建筑小区，应整体考虑平面布局，雨水径流总量控制与径流峰值控制目标可在多个地块之间进行平衡与落实；③地下空间占地面积不应大于建设用地面积的95%；④雨水控制利用设施应与项目同步建设，不得以拆分地块建设规模或分期方式减少雨水控制利用设施。

按照建筑小区场地特点，可将雨水控制利用设施平面布局形式分为集中型分布、分散型分布、随机型分布、单边型分布（"6.1.2 建筑小区雨水设施空间布局形式"）。

2. 竖向衔接形式

建筑与小区场地竖向衔接应满足：①竖向设计应按照地块原有场地标高，结合土方平衡，合理确定雨水系统的排水路径、绿地标高、室外排水沟渠标高等内容；②竖向设计应尽量利用原有的地形地势，不宜改变原有的排水方向；③竖向设计应兼顾雨水的重力流原则，尽量利用原有的竖向高差条件组织雨水径流；④场地有坡度时，绿地应结合坡度等高线，分块设计确定不同标高的绿地；⑤竖向设计中，对于最终确定的竖向低洼区域应重点明确最低点标高、降雨蓄水范围、蓄水深度及超标雨水排水出路，并设置明显的警示标识。

建筑小区内建筑屋面产生的雨水径流通过雨落管排入庭院雨水系统，应进行雨落管断接，屋顶雨水径流经雨落管排入雨水收集利用装置、高位花坛或消能池，进行雨水收集、净化与回用。老旧建筑小区可将人行道更换为透水铺装，对破损车行道进行路面修复，同时对路缘石进行局部开口，使人行道坡向两侧下沉式绿地或植草沟进一步滞蓄雨水。

建筑小区广场和停车位需进行透水改造，对于侵占绿地的停车位继续保留停车功能，改造为植草砖停车位，非侵占绿地的停车位改造为透水砖停车位，广场可根据健身、休闲娱乐等功能需求将硬化铺装改造为透水铺装。建筑小区绿地可在现状基础上除进行苗木补栽，丰富景观绿化效果以外，需进行下沉式改造，根据绿地面积形状、大小、景观需求等确定下沉式绿地、雨水花园和植草沟等改造模式。

建筑小区内设有景观水体时，宜采用非硬质池底及生态驳岸，为水生动植物提供栖息或生长条件，并通过水生动植物对水体水质进行净化。景观水体的补水宜采用雨水设施水源，也可采用经许可的天然水体水源。

雨水在经过下渗、蒸发后仍超过海绵型设施雨水调蓄容积时，可通过调整广场、停车位、道路的高程与坡度，将地表径流通过坡度排入下沉式绿地、雨水花园或植草沟等设施，屋面径流经雨水收集、净化与回用后通过管道就近排入生物滞留。当生物滞留无法应对超标暴雨时，雨水径流通过溢流管排入市政雨水管网。

7.1.4 雨水控制利用设施设计计算

雨水控制利用设施设计时应首先确定建筑小区内涝控制、雨水调蓄利用、径流污染控制三个方面的控制需求，根据相应控制需求合理分配各类设施设计规模。雨水控制利用设施的规模应根据控制目标及设施在具体应用中发挥的主要功能，选择容积法、流量法或水量平衡法等通过计算确定；按照径流总量、径流峰值与径流污染综合控制目标进行设计的雨水控制利用设施，应综合运用以上方法进行计算，并选择其中较大的规模作为设计规模；有条件的可利用模型模拟的方法确定设施规模。

当以径流总量控制为目标时，地块内各雨水控制利用设施的设计调蓄容积之和，即总调蓄容积（不包括用于削减峰值流量的调节容积），一般应不低于该地块"单位面积控制容积"的控制要求。计算总调蓄容积时应满足：①顶部和结构内部有蓄水空间的渗透设施（如复杂型生物滞留、渗管/渠等）的渗透量应计入总调蓄容积；②调节塘、调节池对径流总量削减没有贡献，其调节容积不应计入总调蓄容积；转输型干式植草沟、渗管/渠、初期雨水弃流、植被缓冲带、人工土壤渗滤等对径流总量削减贡献较小，其调蓄容积也不计入总调蓄容积；③透水铺装和绿色屋顶仅参与综合雨量径流系数的计算，其结构内的空隙容积一般不再计入总调蓄容积；④受地形条件、汇水面大小等影响，设施调蓄容积无法发挥径流总量削减作用的设施（如较大面积的下沉式绿地，往往受坡度和汇水面竖向条件限制，实际调蓄容积远远小于其设计调蓄容积），以及无法有效收集汇水面径流雨水的设施的调蓄容积不计入总调蓄容积。

7.1.5 雨水控制利用设施植物搭配

植物选择和搭配应符合海绵型建筑小区植物选择基本原则（"6.2.1 建筑小区植物搭配原则"），并充分考虑植物景观效果（"6.2.2 建筑小区植物景观效果"）和设施绿地所在位置（"6.2.3 建筑小区植物搭配模式"）等条件综合考虑确定。

7.2 泸州市建筑小区雨水控制利用模式设计案例

以泸州市翡翠滨江小区为例进行建筑小区雨水控制利用设计模式分析。翡翠滨江小区位于泸州市江阳区，小区面积 19.7hm²，建筑总覆盖率 30%，绿地率 32.9%，最大高差约 70m，地形凹陷处原始场地最低点 240m，南侧制高点 310m。翡翠滨江小区地理位置及卫星地图如图 7-2 所示。

（a）翡翠滨江小区地理位置　　　　　　（b）翡翠滨江小区卫星地图

图 7-2　翡翠滨江小区地理位置及卫星地图

（卫星底图来源：国家地理信息公共服务平台"天地图"；网址：www.tianditu.gov.cn）

7.2.1 问题识别与目标确定

结合排水条件、地形条件、内涝风险、雨污混接程度等进行分析，因地制宜地从内涝控制、雨水调蓄利用、径流污染控制中确定雨水控制利用模式设计目标。

1. 排水条件

翡翠滨江小区位于城西 2 片区排水分区上游，不需要承担上游来水压力，雨水控制利用的限制较少，可进行改造的空间大，小区只需消纳自身区域承接的雨水径流，超出自身可控制利用上限的雨水径流汇入排水分区下游受纳水体。

2. 地形条件

翡翠滨江小区场地的地形地势条件属于内低外高型，小区的高程由中心向四周逐级递增，场地整平时围绕高程最低处中线点向外形成高程逐级递增的多级平台，中心区域具有一定的积水风险。

3. 内涝风险

翡翠滨江小区位于城西 2 片区管控单元，从历史内涝积水风险分布来看属于低风险区域。

4. 雨污混接程度

翡翠滨江小区建设于 2013 年，还未出现过雨污混接问题。

综合考虑上述四个条件，可将翡翠滨江小区的雨水控制利用模式主要控制目标确定为内涝控制。

7.2.2　雨水控制利用设施选择与优化

结合雨水控制利用设施的目标功能、经济成本、景观效果，对适宜在建筑小区中开展建设的雨水控制利用设施进行选择。根据翡翠滨江小区需要满足内涝控制需求的实际情况，选用复杂型生物滞留、下沉式绿地、绿色屋顶、透水铺装。

不同海绵型设施可实现的雨水径流体积控制和峰值控制效果不同，确定设施规模时可将需要计入总调蓄容积的设施和不计入总调蓄容积的设施作为雨水径流控制的研究单位，对其他设施进行标准化和归一化。翡翠滨江小区绿化率为 55%，根据 "6.1.2　建筑小区雨水设施空间布局形式" 中图 6-3 可以预估当前绿化率条件下的透水铺装规模占比-生物滞留规模占比-雨水年径流总量控制率关系，如图 7-3（a）所示。根据翡翠滨江小区下垫面情况对雨水设施空间布局进行设置，由于小区建筑布局和小区道路布局较为规则，因此可将绿色屋顶和透水铺装按单边型分布进行设置；由于小区绿地分布较为松散随机，因此可将下沉式绿地和生物滞留按随机型分布进行布设；雨水控制利用设施空间布局如图 7-3（b）所示。

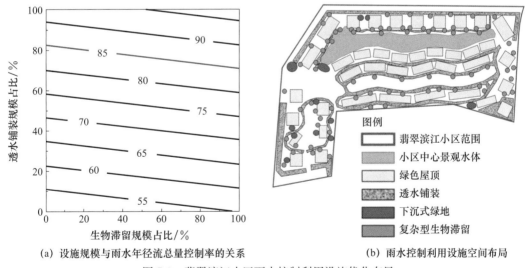

|（a）设施规模与雨水年径流总量控制率的关系 | （b）雨水控制利用设施空间布局 |

图 7-3　翡翠滨江小区雨水控制利用设施优化布局

7.2.3　雨水控制利用设施植物搭配

翡翠滨江小区各类功能区域的绿地形式较为丰富，涵盖小区入口绿地、小区道路绿地、建筑周围绿地、公共休闲绿地和景观水体绿地五类区域，建筑小区不同功能区的植物搭配方案如下。

（1）小区入口绿地：按规则排布式进行搭配，乔木植物可选择银杏、广玉兰、香樟等，灌木植物可选择黄杨、海桐、结香等，草本植物可选择麦冬、三色堇、月季等。

（2）小区道路绿地：主干路按舒展通透式进行搭配，乔木植物可选择榉树、三角枫、紫荆等，灌木植物可选择山茶、红花檵木、六月雪等，草本植物可选择麦冬、兰花、鸢尾等；支路按层次多变式进行搭配，乔木植物可选择梅花、碧桃、垂丝海棠等，灌木植物可选择海桐、栀子花、八仙花等，草本植物可选择玉簪、美人蕉、沿阶草等。

（3）建筑周围绿地：按分散成景式进行搭配，乔木植物可选择榉树、栾树、香樟等，灌木植物可选择小叶女贞、海桐、结香等，草本植物可选择麦冬、玉簪、鸢尾等。

（4）公共休闲绿地：按自然错落式进行搭配，乔木植物可选择广玉兰、雪松、杨梅等，灌木植物可选择红叶石楠、山茶、春鹃等，草本植物可选择麦冬、红花酢浆草、石竹等。

（5）景观水体绿地：按自由混合式进行搭配，乔木植物可选择香樟、皂荚、蓝花楹等，灌木植物可选择三角梅、毛叶丁香、金禾女贞等，草本植物可选择沿阶草、黄金菊、麦冬等，水生植物可选择睡莲、香蒲、蒲苇等。

7.2.4 雨水径流控制效果模拟分析

结合翡翠滨江小区下垫面实际情况（表 7-4），根据其建筑、景观水体、雨水管网实际分布情况，在模型中设置相应的子汇水分区、检查井、雨水管段，构建 SWMM 模型，如图 7-4 所示。

表 7-4 翡翠滨江小区下垫面情况

下垫面类型	建筑屋面	绿地	道路	水体	总计
面积/m²	41165.98	65039.10	75406.42	15356.50	196968.00
径流系数	0.90	0.15	0.80	1.00	0.62

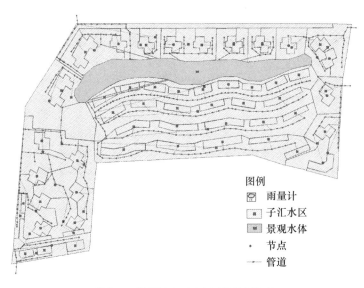

图例
- ⬒ 雨量计
- ▢ 子汇水区
- ▣ 景观水体
- · 节点
- → 管道

图 7-4 翡翠滨江小区 SWMM 模型

在模型 LID 控制模块中设置生物滞留、下沉式绿地、绿色屋顶、透水铺装等设施，设施参数见表 7-5。

表 7-5 雨水控制利用设施相关参数值

处理层	参数名称	生物滞留	透水铺装	绿色屋顶	下沉式绿地
表面层	滞留水深/mm	200	10	150	100
	植被覆盖率	0.4	—	0.8	0.99
	粗糙系数	0.1	0.15	0.1	0.24
	表面坡度/%	1	1	1	—
土壤层	厚度/mm	600	70	150	250
	孔隙率/%	0.43	0.15	0.5	0.3
蓄水层	高度/mm	300	300	150	450
	孔隙率/%	0.5	0.5	0.5	0.75

选取 1min 精度典型平水年 2003 年全年长期降雨数据构建模型模拟降雨情景设置，分别对小区海绵化改造前后外排总量控制效果进行模拟，模拟结果由 42488.21m³ 降低至 5762.16m³。由此可见，翡翠滨江小区进行海绵城市建设优化改造后，年径流总量控制率可以达到排水分区 85% 年径流总量控制率的要求。改造后平水年全年小区雨水系统未出现内涝积水情况。

8 泸州市致灾降雨特征与设计雨型

极端降雨频现是导致城市内涝灾害频发的主要诱因之一。本章首先梳理了泸州市自然地理基本概况，采用曼-肯德尔（Mann-Kendall）算法和 Hurst 指数法研究泸州市极端降雨时间演变特征，并将其与泸州市洪涝灾害时间和空间分布特征进行比较，探究降雨特征与内涝灾害的内在联系，对泸州市致灾降雨特征进行聚类分析。基于以上研究结果，推求泸州市长短历时设计雨型，可为泸州市内涝风险评估和治理规划设计提供参考和依据。

8.1 泸州市历史极端降雨与内涝灾害的关系

8.1.1 极端降雨时间演变特征

全球气候变化导致城市洪涝灾害频发，极端降雨具有历时短、成灾快的特点，是造成城市内涝的主要原因，研究极端降雨的变化趋势，可为城市应对内涝灾害提供参考。2015 年发布的《中国极端天气气候事件和灾害风险管理与适应国家评估报告》中指出，中国极端暴雨日数显著增加，城市洪涝风险继续上升。可见，分析极端降雨事件的特征并掌握其演变规律和发展趋势十分重要。

1. 研究方法

（1）极端降雨定义

极端降雨量是指一年中日降雨量超过阈值的总雨量，年极端降雨频次则是指一年中日降雨量超过阈值的总天数。从统计学角度看，目前对极端降雨的定义方法可划分为参数化法和非参数化法两大类。非参数化法中最常用的两种方法为百分位阈值法和固定阈值法。百分位阈值法具体为采用各站点日降雨量大于 0.1mm 的按升序排列的第 99 个百分位的降雨量作为该站点的极端降雨阈值；固定阈值法则是以不同时间尺度降水极值作为临界值来确定相应极端降雨阈值。

采用百分位阈值法选取泸州市纳溪站 1985—2014 年的逐日降雨量按升序排列后的第 99 个百分位降雨量为极端降雨阈值，作为衡量是否出现极端降雨事件的临界值。

（2）线性倾向估计法

气象要素的变化趋势采用一元线性方程表示，即：

$$y = a + bt \tag{8-1}$$

式中，y 为气象要素；t 为时间；b 为线性趋势项。

将 $10b$ 表示气象要素每 10 年的变化量，单位为 mm/10 年。线性趋势项大于 0，说明在统计的时间段内，所考察的气象要素呈增长趋势；反之，呈下降趋势。

（3）曼-肯德尔算法

曼-肯德尔算法是一种非参数统计检验方法，其优点是不需要样本遵从特定分布，也不受少数异常值的干扰，更适用于类型变量和顺序变量计算。

对于具有 n 个样本量的时间序列 x，构造一个秩序列：

$$s_k = \sum_{i=1}^{k} r_i \quad (k=2, 3, \cdots, n) \tag{8-2}$$

其中

$$r_i = \begin{cases} 1, & \text{当} x_i > x_j \\ 0, & \text{当} x_i \leqslant x_j \end{cases} \quad (j=1, 2, \cdots, i) \tag{8-3}$$

可见，秩序列 s_k 是第 i 时刻数值大于 j 时刻数值个数的累计数。

在时间序列随机独立的假定下，定义统计量为：

$$UF_k = \frac{[s_k - E(s_k)]}{\sqrt{\text{var}(s_k)}} \quad (k=1, 2, \cdots, n) \tag{8-4}$$

式中，$UF_1 = 0$，$E(s_k)$，$\text{var}(s_k)$ 分别是累计数 s_k 的均值和方差，当 x_1，x_2，$\cdots$，x_n 相互独立，且有相同连续分布时，它们可由下式算出：

$$\begin{cases} E(s_k) = \dfrac{k(k-1)}{4} \\ \text{var}(s_k) = \dfrac{k(k-1)(2k+5)}{72} \end{cases} \quad (k=2, 3, \cdots, n) \tag{8-5}$$

UF_k 为标准正态分布，它是按时间序列 x 顺序 x_1，x_2，$\cdots$，x_n 计算出的统计量序列，给定显著性水平 α，查正态分布表，若 $|UF_k| > U_\alpha$，则表明序列存在明显的趋势变化。

按时间序列 x 的逆序 x_n，x_{n-1}，$\cdots$，x_1，再重复上述过程，同时使 $UB_k = -UF_k$（$k=n$，$n-1$，$\cdots$，1），$UB_1 = 0$。

分别绘出 UF_k 和 UB_k 曲线图，若 UF_k 或 UB_k 的值大于 0，则表明序列呈上升趋势，小于 0 则表明呈下降趋势。当它们超过临界线时，表明上升或下降趋势明显。如果 UF_k 和 UB_k 两条曲线出现交点，且交点在临界线之间，那么交点对应的时刻便是突变开始的时间。

（4）Hurst 指数法

Hurst 指数法是一种用于理解时间序列的性质，而不需要对统计限制进行假设的统计方法，常用于分析长期时间序列相关性。R/S 分析被广泛用于计算 Hurst 指数。R/S 分析的原理简述如下。

取一时间序列 $x(t)$ 定义为：

$$\langle x \rangle_t = \frac{1}{\tau} \sum_{t=1}^{\tau} x(t) \quad (t=1, 2, \cdots) \tag{8-6}$$

用 $x(t, \tau)$ 表示累积偏差：

$$x(t, \tau) = \sum_{u=1}^{\tau} (x(u) - \langle x \rangle_t) \quad (1 \leqslant t \leqslant \tau) \tag{8-7}$$

用 $R(\tau)$ 定义序列极差：

$$R(\tau) = \max_{1 \leqslant t \leqslant \tau} x(t, \tau) - \min_{1 \leqslant t \leqslant \tau} x(t, \tau) \quad (\tau=1, 2, \cdots) \tag{8-8}$$

用 $S(\tau)$ 定义序列极准差：

$$S(\tau) = \left[\frac{1}{\tau} \sum_{t=1}^{\tau} (x(t) - \langle x \rangle_\tau)^2 \right]^{\frac{1}{2}} \quad (\tau=1, 2, \cdots) \tag{8-9}$$

基于 $R(\tau)$ 和 $S(\tau)$，得到：

$\dfrac{R}{S} = R(\tau) / S(\tau)$，假设 $R/S \propto \left(\dfrac{\tau}{2} \right)^H$。

H 称为 Hurst 指数，取值范围为 $0 \sim 1$。$H > 0.5$ 表明时间序列具有持续性，未来趋势与过去趋势一致，且 H 越接近 1，持续性越强；而 $H < 0.5$ 表明时间序列具有反持续性，未来趋势与过去相反，其值越接近 0，反持续性越强；$H = 0.5$ 表明时间序列完全独立随机，未来趋势与过去无关。

2. 变化趋势分析

根据极端降雨事件的定义，将泸州市纳溪站 1985—2014 年的逐日降雨量按升序排列，确定极端降雨量阈值为 61.2mm，求得每年极端降雨事件的总降雨量，并结合线性回归和 5 年滑动平均统计其随时间的变化规律，结果如图 8-1（a）所示。为比较年极端降雨量与年降雨量变化趋势之间的区别，作图如图 8-1（b）所示。

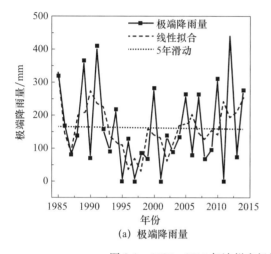

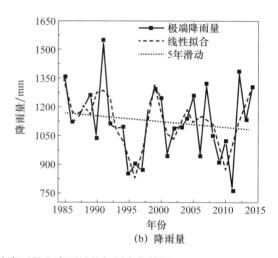

图 8-1　1985—2014 年泸州市极端降雨量和降雨量的年际变化特征

在泸州市 30 年降雨序列中，多年平均极端降雨量为 160.94mm；年极端降雨量最大值出现在 2012 年，其值为 448.5mm，而当年的总降雨量为 1386.2mm，占全年总降雨量的 32%；其次是 1991 年的 409.7mm，年内极端降雨量最少的是 1995 年、1997 年、2001 年和 2011 年，无极端降雨出现；从线性回归结果可以看出，泸州市年极端降雨量和年降雨量均呈现下降趋势，但年极端降雨量趋势不明显，而年降雨量变化速率为 -31.4mm/10 年，约是年极端降雨量变化速率的 20 倍，呈现出显著下降的趋势。这说明泸州市降雨呈现出愈发集中的趋势，极端降雨量占总降雨量比例具有增加趋势，使得城市内涝灾害风险增加。

根据极端降雨事件定义，对泸州市 1985—2014 年的降雨序列进行分析，统计出每年发生极端降雨事件的次数和年最大降雨量，并利用线性回归和滑动平均法分析其变化趋势，如图 8-2 所示。

在泸州市 30 年的降雨序列中，年平均极端降雨事件的次数为 1.7 次；年内极端降雨事件发生频次最多的年份是 1985 年、1989 年和 2010 年，共 4 次，发生频次最低的是 1995 年、1997 年、2001 年和 2011 年，未发生极端降雨事件。年最大降雨量在 1991 年最大，其值为 257.9mm，从滑动平均曲线可以看出，年最大降雨量在 2001 年后呈现上升趋势，说明泸州市单场降雨强度逐渐增大。从线性回归的趋势分析来看，泸州市在 30 年内极端降雨事件发生的频次和年最大降雨量分别以 -0.08 次/10 年和 -0.1mm/10 年的速率呈现出下降趋势，说明该地区极端降雨事件发生次数和年最大降雨量在这 30 年间变化较为稳定，总体趋势与极端降雨量变化趋势相一致。

对极端降雨量、月降雨量、极端降雨频次和极端降雨平均强度的月变化特征进行分析，结果如图 8-3 所示。

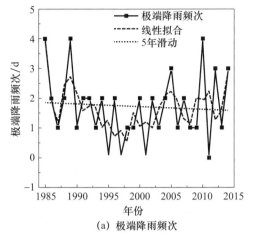

(a) 极端降雨频次

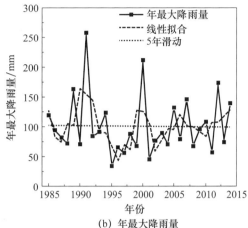

(b) 年最大降雨量

图 8-2　1985—2014 年泸州市极端降雨频次和年最大降雨量的年际变化特征

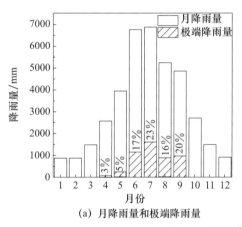

(a) 月降雨量和极端降雨量

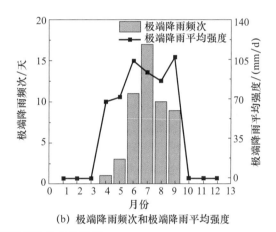

(b) 极端降雨频次和极端降雨平均强度

图 8-3　泸州市降雨指标的月变化特征

图 8-3 说明泸州市极端降雨主要分布在 6—9 月，尤其是 7 月，7 月极端降雨量占月降雨量的 23%，其值为 1588.1mm，但由于该月极端降雨频发（17 次），因此其单场极端降雨强度并不是最大；最大极端降雨平均强度出现在 9 月，其值为 106.61mm/d，但该月极端降雨总量仅有 959.5mm，这是因为该月极端降雨频次仅有 9 次，说明尽管发生频次较少，但该月极端降雨强度较大，更容易造成洪涝灾害。

3. 突变分析

突变性检验的方法有很多种，由于不同年份的气象要素是随机独立的，且分布概率等同，因此选择曼-肯德尔算法分析泸州市极端降雨年降雨量和年降雨频次的变化趋势，确定突变发生的时间。

对泸州市极端降雨量和频次进行曼-肯德尔算法检验分析，结果如图 8-4 所示。显著性水平取 $\alpha = 0.05$，查阅表格得，该显著性水平下的临界值为 $U_{a/2} = \pm 1.96$。曼-肯德尔算法曲线见图 8-4。

从图 8-4（a）中可以看出，1990—1992 年 $UF > 0$，极端降雨量呈现上升趋势，1993—

2014 年 $UF<0$，极端降雨量呈现下降趋势，且下降幅度随着时间推移而逐渐达到一个较高水平，1999 年和 2001 年通过 $\alpha=0.05$ 的显著性水平检验，说明出现显著下降的趋势；UF 和 UB 曲线在 1985 年相交于置信区间内，表明泸州市极端降雨量在 1985 年发生了突变，且为突变性下降。从图 8-4（b）中可以看出，30 年间 UF 均小于 0，极端降雨频次呈现下降趋势，且 $|UF|$ 较大，1993 年后均通过 $\alpha=0.05$ 的显著性水平检验，说明出现显著下降的趋势；极端降雨频次统计曲线在 30 年间未出现交点，表明泸州市极端降雨频次在 1985—2014 年变化趋势未发生突变。

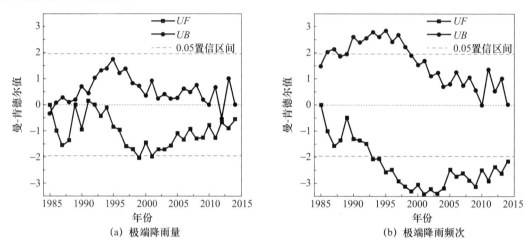

(a) 极端降雨量　　　　　　　　　　(b) 极端降雨频次

图 8-4　1985—2014 年泸州市极端降雨量和极端降雨频次曼-肯德尔算法检验

4. 未来趋势预测

为了分析泸州市极端降雨量和极端降雨频次未来可能的变化趋势，采用 Hurst 指数法对泸州市 30 年的降雨事件特征进行分析。根据 Hurst 指数所表示的含义，对泸州市极端降雨量和极端降雨频次的变化趋势进行分析，分析结果如图 8-5 所示。

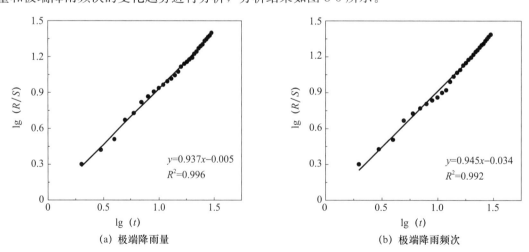

(a) 极端降雨量　　　　　　　　　　(b) 极端降雨频次

图 8-5　泸州市极端降雨量和极端降雨频次变化趋势预测

通过分析可以得出，泸州市极端降雨量和极端降雨频次的 H 值分别为 0.937 和 0.945，说明该地区极端降雨量和极端降雨频次具有持续性，即未来泸州市极端降雨量和极端降雨频次变化趋势与过去一致，具有下降的趋势，且两者的 H 值均大于 0.9，表明两者的 Hurst 现象非常明显，具有较强的持续性，说明未来泸州市年极端降雨事件极大可能会呈现出持续下降趋势。

8.1.2 泸州市洪涝灾害分布特征

1. 洪涝灾害时间分布特征

通过查阅收集 2010—2022 年泸州市暴雨洪涝相关新闻报道，统计泸州市各区县洪涝灾害发生频次，利用 1km 分辨率逐月降水量数据集（1901—2022 年）统计泸州市 2010—2022年的年降雨量和月降雨量，结果如图 8-6 所示。

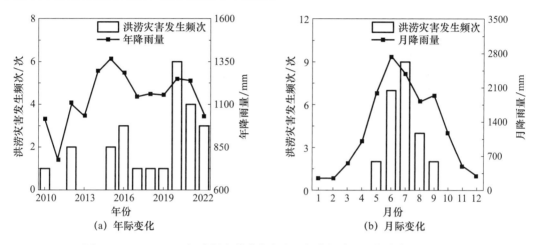

图 8-6　2010—2022 年泸州市洪涝灾害发生频次与降雨量年分布和月分布

由图 8-6（a）可以看出，泸州市 2010—2022 年洪涝灾害年发生频次和年降雨量总体呈现上升趋势，2017—2019 年洪涝灾害年发生频次较 2016 年减少，这主要是因为这期间降雨量较 2016 年有所降低，随后的 2020—2022 年洪涝灾害年发生频次显著增加，2020 年是洪涝灾害发生频次的明显峰值，发生了 6 次洪涝灾害，占 13 年内涝灾害发生频次总数的 25.0%。但 2013 年和 2014 年未发生洪涝灾害，这可能与 2012 年发生"7·23"事件后对洪涝灾害的重视及相关工程或非工程措施实施有关。图 8-6（b）给出了泸州市 2010—2022 年洪涝灾害发生频次和降雨总量的月分布特征，洪涝灾害仅出现在 5—9 月，且在 6 月和 7 月呈现频发态势，共计 16 次，占洪涝灾害发生总频次的 66.7%，这与泸州市降雨量的月分布特征保持一致，说明降雨量时间分布特征直接影响洪涝灾害时间分布特征。

2. 洪涝灾害空间分布特征

按泸州市行政区域划分统计 2010—2022 年洪涝灾害发生频次，并求得泸州市年均降雨量。图 8-7 给出 2010—2022 年 5—9 月泸州市洪涝灾害发生频次与年均降水量的空间分布。

由图 8-7 可知，泸州市洪涝灾害频次分布总体上呈现南北多、中间少的趋势，而年均降雨量则呈现由北向南递减的趋势，由于泸州市中心城区集中在江阳区、龙马潭区和纳溪区，单独看三个区域洪涝灾害发生频次较低，分别为 4 次、6 次和 5 次，这可能是因为这三个区域面积均较小，而东南部古蔺县虽降雨量较小，但洪涝灾害严重，这不仅与该区域面积大有关，也与该区域地形地势有关，古蔺县海拔较高，坡度较大，地面起伏较大，即使是较小降雨也极有可能因为高程原因形成较快流速径流行泄，易造成损失。泸州市洪涝灾害主要集中于北部泸县和东南部古蔺县，13 年间共计发生 22 次，占泸州市洪涝灾害发生总频次的 43.1%，其中泸县和古蔺县均发生 11 次洪涝灾害。若将江阳区、龙马潭区和纳溪区求和比较，共发生 15 次洪涝灾害，占泸州市洪涝灾害发生总频次的 29.4%，说明中心城区洪涝灾害较为频发，且结合泸州市 GDP 和人口分布图（图 8-8）可知，由于中心城区 GDP 和人口分布更加密集，当发生洪涝灾害时，造成的损失较其他区县更为严重，更应给予足够的重视。

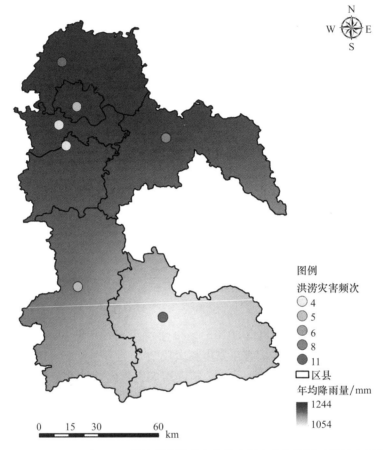

图 8-7　2010—2022 年 5—9 月泸州市洪涝灾害发生频次和年均降雨量的空间分布

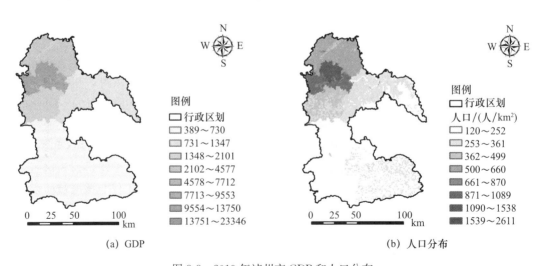

(a) GDP

(b) 人口分布

图 8-8　2019 年泸州市 GDP 和人口分布

8.1.3　泸州市致灾降雨典型特征

选取泸州市典型致灾降雨，统计分析其降雨量、降雨历时、平均雨强等典型特征，见表 8-1。采用 K-means 聚类分析方法对泸州市致灾降雨进行聚类分析，结果见表 8-2。

表 8-1　泸州市致灾降雨特征

序号	日期(年/月/日)	降雨历时/min	降雨量/mm	平均雨强/(mm/min)	最大分钟雨强/(mm/min)	前期干燥天数/d
1	2010/06/18—19	803	111.3	0.139	1.4	5
2	2012/07/23	1625	151.2	0.093	1.8	3
3	2012/08/31—09/01	765	198.7	0.260	1.3	0
4	2015/07/14	1585	107.3	0.068	1.2	9
5	2015/08/16—17	1043	24.5	0.023	0.6	1
6	2016/06/18—19	402	69.4	0.173	1.0	3
7	2016/06/24	855	55.7	0.065	0.9	4
8	2016/07/18—19	747	76.5	0.102	1.1	4
9	2017/06/21—22	570	32.2	0.056	1.0	2
10	2018/05/21—22	903	68.5	0.076	2.8	2
11	2019/09/07—08	1140	93.1	0.082	1.3	1
12	2020/06/26—27	888	45.5	0.051	1.4	2
13	2020/07/11—12	1112	18.9	0.017	0.2	1
14	2020/07/14—15	497	25.1	0.051	1.4	1
15	2020/07/16—17	1200	125.0	0.104	1.2	0
16	2020/07/25—26	851	46.8	0.055	0.5	0
17	2020/09/09—10	1245	40.3	0.032	0.3	3
18	2021/07/15—16	771	28.8	0.037	1.0	3
19	2021/08/25—26	2322	38.8	0.017	0.3	2
20	2022/06/22—23	372	11.5	0.031	0.3	1
21	2022/06/26—27	622	127.7	0.205	2.4	1

表 8-2　聚类分析结果

降雨类型	降雨历时/min	降雨量/mm	平均雨强/(mm/min)	最大分钟雨强/(mm/min)	前期干燥天数/d
Ⅰ型	1279	80	0.06	0.94	2.57
Ⅱ型	2322	39	0.02	0.30	2.00
Ⅲ型	696	69	0.10	1.27	2.15

通过聚类分析可将泸州市致灾降雨分为三类，Ⅰ型降雨为长历时降雨，总降雨量较大，平均雨强和最大分钟雨强也较大，前期干燥天数是三类降雨中最大的；Ⅱ型降雨为长历时降雨，且降雨历时几乎为Ⅰ型降雨的两倍，但其总降雨量和强度均较小，几乎为Ⅰ型降雨的 1/3，该型降雨在泸州市 21 场致灾降雨中仅出现一次，说明其对城市洪涝灾害风险的影响相对较小；Ⅲ型降雨总共发生 13 次，占总致灾降雨发生频次的 62%，说明泸州市致灾降雨以

Ⅲ型为主，降雨历时较短，但降雨量、平均雨强和最大分钟雨强均较大，属于短时强降雨事件，容易造成严重的洪涝灾害。因此，泸州市应更加关注短历时强降雨事件，加强降雨监测预报预警，做好防范应对工作。

8.2 泸州市典型设计降雨雨型推求

城市内涝是由多方面因素共同造成的，其中，雨水排水系统的设计标准过低是导致城市暴雨内涝灾害的重要原因之一，而设计暴雨雨型是排水设计标准的一个重要方面，是科学、合理地规划设计城市排水系统的基础，能够给市政建设、水务及规划部门提供科学、准确的设计参数和理论依据。雨型是获取雨水径流过程线的基础，雨型的推求同暴雨强度公式编制一样具有重要的实用价值。设计暴雨雨型的关键技术主要有：不同降雨样本的选取问题；不同设计暴雨雨型的推求技术；对不同推求方法进行比较，选取最优方法；设计雨型的适用范围的确定等。其中，降水过程的取样方法和设计暴雨雨型的推求技术会直接影响设计雨型的结果。

不同雨型会导致降雨径流的计算结果产生明显的差异，若设计雨型不合适，会造成很大误差。在汇流历时内平均雨强相同的条件下，雨峰在中部或后部的三角形雨型比均匀雨型的洪峰大30%以上。现今常用的雨型有均匀雨型、Keifer & Chu 雨型（芝加哥雨型）、SCS 雨型、Huff 雨型、Pilgrim & Cordery 雨型、Yen & Chow 雨型（三角形雨型）等。

国外对雨型的研究较为充分，早在20世纪40年代，包高马佐娃等就对乌克兰等地的降雨资料进行统计分析，划分了七种雨型，发现强度大致均匀的雨型很少；1957年 Keifer 和 Chu 根据强度-历时-频率关系得到一种不均匀的设计雨型，也称芝加哥雨型；之后 Huff，Pilgrim & Cordery，Yen & Chow 均提出过各自设计的暴雨雨型。在国内，王敏等根据北京市的雨量资料提出了北京市设计暴雨雨型；岑国平等利用上海黄渡站雨量资料，用美国 ILLUDAS 模型模拟了 Huff 雨型、Pilgrim & Cordery 雨型、Yen & Chow 雨型、Keifer & Chu 雨型下的洪峰流量，并计算了同频率分析法的误差，结果表明，各种雨型下所得的洪峰流量差异较大，其中 Huff 雨型及 Yen & Chow 雨型下的洪峰流量受历时影响显著，若历时选择不当，会造成较大误差，而 Pilgrim & Cordery 雨型及 Keifer & Chu 雨型下洪峰流量受历时影响较小，Pilgrim & Cordery 雨型更接近实际降雨，但对当地降雨过程资料的依赖性强。

此外，不同选样方法也会产生不同的结果。根据《室外排水设计标准》（GB 50014—2021）的规定，我国采用年多个样法选样每年各历时选择 6～8 个最大值，然后统一排序，取资料年数 3～4 倍的最大值作为统计的基础。但这种方法需要很多资料，收集困难，统计也比较麻烦。邓培德提出用年最大值法选样，该方法选样简单，资料易得，但会遗漏一些数值较大的暴雨，造成小重现期部分明显偏小。使用时需通过修正才能与目前所用的方法接近，同时频率分布模型也要做相应改变，这样就带来许多新的问题。岑国平等提出目前采用的年多个样法所需资料太多，可改用年超大值法，该法比较简单，结果与年多个样法很接近。马京津等研究发现降雨场次样本取自自然降雨过程时可选择的样本数相对较少，如果研究区域资料年份较短，样本数过少，将会影响雨型结果的可信度；而对于分别截取相应历时最大的逐分钟降雨量，样本历时并不受长度限制，可选择的样本较多，但会导致雨型峰值偏小，影响排水设施雨量峰值的设计。因此，在实际工作中，应根据工作需要，合理确定雨型选样规则。

8.2.1 统计样本选取方法比较与确定

随着气象部门长序列分钟降雨量资料的不断更新，开展多种选样方法的设计暴雨雨型比较研究具备了条件，有望为城市排水规划设计工作提供技术支撑。目前常用的降雨资料选样方法如下。

1. 自然降水场次取样

降雨场次样本取自自然降雨过程。首先将分钟降雨数据划分为独立的降雨场次，场次间隔 120min、降雨量不高于 2.0mm 为场次界定指标。依据每场降雨的开始、结束和持续时间的总雨量，选取 7 个降雨时段所有降雨样本（为选取尽可能多的场次），按照总降雨量从大到小进行排序，选取降雨量大于对应历时雨量阈值的所有降雨场次，一年最多选择一个样本。在独立降雨场次中分别选取降雨历时接近所需历时的自然降雨，按照降雨量从大到小进行排序，选取降雨量大于对应历时雨量阈值的所有降雨场次。例如推求 60min 的设计暴雨雨型，则选取降雨历时约 60min（为选取尽可能多的场次，设置降雨历时为 45min$\leqslant t <$75min）且降雨量大于 60min 雨量阈值的降雨场次。

2. 重现期取样

采用 P-Ⅲ型分布、广义极值分布、对数正态分布、耿贝尔分布和指数分布等多种分布曲线拟合研究区域 7 个降雨历时，选取误差最小的模型分别计算各重现期，计算重现期采用的方法是年最大值取样法。

3. 年最大值取样

按 1h，2h，3h，6h，9h，12h 和 24 h 共 7 个降雨时段，每年滑动挑选时段累计降雨量最大值区间作为样本。从全年的降雨量自记纸或每分钟降雨量数据文件中，挑取本年内 7 个时段年最大降雨量；各时段年最大降雨量应满足所属 1440min 降雨量大于 50.0mm；滑动不受日、月界限制，但不跨年挑取；一年最多选择一个样本。

4. 最大历时过程取样

在所有独立降雨场次中，截取其连续分钟降雨过程，挑选该时段雨量大于对应历时雨量阈值的所有降雨场次。例如：北京市 1987 年 7 月 14 日的一场降雨，该场降雨总历时 376min，总雨量为 52.86mm，截取其最大的 60min 降雨时段，总雨量为 45.08mm（大于 60min 暴雨临界值），即可将该时段降雨量作为雨型设计的样本。对雨量站长序列的连续降雨资料分别进行 60min，120min，180min 的降雨场次样本选样，统计各历时的样本数量、峰型比例及雨峰时段比例。

5. 强降雨自然滑动取样

首先选取每年滑动 1440min 降雨量大于 50mm 样本（可根据当地的降雨量取不同的值，降雨少的可取 25mm，也可取重现期是 2 年以上的值），有几场选几场，不重复；从上一步得到的样本中滑动选取各时段累计降雨量最大（一年选一个）的作为相应时段样本；对不同时段取样得到的所有样本，分别计算各时段样本峰值位置的平均值，作为相应时段的雨型峰值位置；根据上一步计算得到的平均峰值位置，对每一个样本在原始数据中的起止位置进行左右移动，使移动后的样本原始峰值位置与平均峰值位置一致，从而得到新的相应时段样本，以保证选取样本的降雨过程都是自然降雨过程。在每个样本的峰值都移动到平均峰值位置后，对每个 5min 时段的数值做平均，得到新的数列，即各时段的设计雨型。所以，此取样方法可直接用于设计雨型推求。

从以上选样方法的本质来看，自然降雨场次取样所选择的降雨样本是真实的降雨过程，但由于不同地区降雨特征不同，降雨阈值应根据实际情况进行修正，且对降雨历时做放大处理，一定程度上削弱了降雨过程样本的准确性；重现期取样由于采用的分布曲线拟合方式的不同，将产生较大的不确定性；年最大值取样较为简单，不需要大量数据支撑，且取样不受日、月界限制，但样本数较少，可能造成较大的结果误差，对于缺乏降雨资料的地区可采用该种方法进行雨型推求；强降雨自然滑动取样是对自然降雨场次取样的优化，可直接用于设计降雨雨型推出，但其对降雨资料精度要求较高，在降雨资料缺乏地区难以实现。

8.2.2 设计雨型推求方法比较与确定

目前我国常用芝加哥法进行雨型推求，但芝加哥雨型雨峰过于尖瘦，与实际不相符合，因此需与其他推求方法进行比较，以选择最适合泸州市的雨型推求方法。目前常用的设计雨型推求方法如下。

1. Pilgrim & Cordery 法雨型设计方法

Pilgrim & Cordery 法（简称 P&C 法）是把雨峰时段放在出现可能性最大的位置，而雨峰时段在总雨量中的比例取各场降雨雨峰所占比例的平均值，其他各时段的位置和比例也用同样方法确定。具体步骤如下。

①选取一定历时的大雨样本。选出降雨量最大的多场降雨事件，场次越多统计意义越明显。

②将历时分为若干时段，时段长短取决于所期望的时程分布时间步长，一般越小越好。如推求 5min 时段 120min 设计暴雨雨型，将步骤①中选取的历时降雨场次分为 24 段。

③针对已选的每一场降雨，根据各时段雨量由大到小确定各时段序号，大雨量对应小号，将每个对应时段的序号取平均值，取值由小到大分别确定为雨强由大到小的顺序。

④计算每个时段内各场次降雨量与总雨量的百分比，取各时段平均百分数。

⑤以步骤③所确定的最大可能次序和步骤④中确定的分配比例安排时段，构成雨量过程线。

根据 P&C 法原理，在级序最大的位置上放置峰值，综合级序和比例，即可得到各历时的雨型分配比例。

2. 同频率分析法

同频率分析法，亦称"长包短"法，以出现次数最多的情况（众值）确定时间序位，以平均情况（均值）来定义各时段雨量比例。以推求降雨历时为 1440min，时间步长为 5min 的设计暴雨雨型为例，具体推求步骤如下。

①根据降雨量标准筛选出多场降雨历时为 1440min 的暴雨，按照时间滑动的方法确定每场降雨最大 720min 降雨（H720）的起始位置，基于众值定位的方法，确定设计暴雨雨型最大 720min 降雨（H720）的起始时段。

②对选出的多场降雨历时为 1440min 的典型暴雨样本进行主峰对齐叠加，并计算每场暴雨样本 H720～H1440 各时段降雨量占 H720～H1440 总时段降雨量的百分比，然后求出以上多场暴雨样本 H720～H1440 各时段降雨量百分比的均值，即为 H720～H1440 各时段降雨量的分配比例。

③同理，按照步骤①和步骤②，根据降雨量标准筛选出多场降雨历时为 720min 的暴

雨，并结合步骤①中确定的每场暴雨样本最大 720min 降雨（H720）部分，按照时间滑动的方法确定每场降雨最大 360min 降雨（H360）的起始位置，基于众值定位的方法，确定设计暴雨雨型最大 360min 降雨（H360）的起始时段。再进行主峰对齐叠加，计算每场暴雨样本 H360～H720 各时段降雨量占 H360～H720 总时段降雨量的百分比，然后求出以上多场暴雨样本 H360～H720 各时段降雨量百分比的均值，即为 H360～H720 各时段降雨量的分配比例。

④分别求出 360min，240min，180min，150min，120min，90min，60min，45min，30min 和 15min 对应的 H240～H360，H180～H240，H150～H180，H120～H150，H90～H120，H60～H90，H45～H60，H30～H45，H15～H30 和 H5～H15 的分配比例。最后，最大 5min 的雨量值比例为 100%。

⑤综上可得到最终降雨历时为 1440min，时间步长为 5min 的设计暴雨雨型的分配结果。

3. 模糊识别法

模糊识别法是将一场实际降雨过程分为 m 个时段，根据每段时间内雨量占总雨量的比例建立该场降雨过程的模式矩阵，并用每一场降雨过程的实际指标分别与模式矩阵进行比较，然后根据均方误差最小化原则确定该场降雨过程属于哪种雨型。

4. Huff 法

①总雨型：将降雨场次划分后的所有满足要求的场降雨中的第 n 场的降雨量记为 S_n，x_{ni} 表示第 n 场降雨中第 $i$min 降雨量；对第 n 场降雨按照降雨历程进行十等分，每一段时间的降雨量分别记为 x_{n1}，x_{n2}，…，x_{n10}。分别计算每一段时间内雨量占总降雨量的百分比，得到所有场降雨每段降雨量占总降雨量的百分比；对每一段降雨量所占百分比按照降序排列，然后按照经验频率计算排序后的频率，分别提取 10%，20%，…，90% 对应的降雨量占比。

②4 类 Huff 雨型：根据降雨量峰值出现时间在一场降雨历时的位置，将降雨时程分布划分为 4 种降雨类型（第 1 个 1/4、第 2 个 1/4、第 3 个 1/4 和第 4 个 1/4 雨型）。根据峰现时间把暴雨过程归类后，重复总雨型的计算步骤即可得到不同类型的 Huff 雨型。

5. 动态 K 均值聚类方法

①数据量纲归一变换，先求出每场降雨的总降雨历时（T）、总降雨量（P）、累积降雨历时（t，$t=1$，2，…，T）和累积降雨量（P_t）。将累积降雨历时除以总历时进行量纲归一处理并作为横坐标，累积降雨量除以总降雨量进行量纲归一处理并作为纵坐标，得到降雨过程的量纲一累积降雨曲线。将量纲归一累计降雨历时 0～1 以 0.05 为单元等分为 21 个部分，起点和终点分别取 0.01 和 0.99，即 0.01，0.05，0.10，0.15，…，0.85，0.90，0.95，0.99，得到 21 个对应的雨量累计百分比，作为聚类指标。

②确定分类的个数，分为 k 类，并确定 k 个凝聚点或初试聚类中心，采用前 k 个样本作为初始凝聚点。

③计算各样本与 k 个凝聚点的距离（一般采用欧式距离），根据最近距离准则将 n 次降雨过程逐个归入 k 个凝聚点，将此作为初始分类。

欧式距离公式：

$$d_{i,j} = \Big[\sum_{p=1}^{m} (x_{ip} - x_{jp})^2 \Big]^{\frac{1}{2}} \tag{8-10}$$

式中，$i=1$，2，…，n，n 为样本数；$j=1$，2，…，k，k 为聚类数；$p=1$，2，…，m，p

表示第 p 个聚类指标；$X_i = (x_{i1}, x_{i2}, \cdots, x_{im})$，为第 i 次降雨的 m 个聚类指标；$X_j = (x_{j1}, x_{j2}, \cdots, x_{jm})$，为第 j 次降雨的 m 个聚类指标。

④重新计算各类每个变量均值，以此作为新的凝聚点。

⑤重复步骤③和步骤④，得到调整后的 k 类，直到 n 次降雨过程新划分的类别与前一步的归类完全一致或发生的变化小于某阈值，停止运算，得到最终分类结果。

从以上设计雨型推求方法的基本原理来看，Pilgrim & Cordery 雨型设计方法需要统计与所求雨型相一致的降雨历时的暴雨样本，需要统计的暴雨样本相对较少，处理方法简单，对暴雨资料的依赖性较强；同频率分析法需要统计各个降雨历时的暴雨，而且要求每个降雨历时的降雨场次足够多，如此才能从中筛选出足够的典型暴雨样本，对暴雨资料的依赖性强；模糊识别法只能用于识别降雨的类型，不能得到暴雨过程，一般先利用此方法分析暴雨类型，然后再根据暴雨类型的特点选择其他方法来设计暴雨雨型；Huff 雨型下的洪峰流量受历时影响非常显著，若历时选取不当，会造成较大误差；动态 K 均值聚类方法比较高效，计算不复杂，适用于数据较大情况，但由于需要人工预先确定初始 k 值，具有较强主观性，受到初值和离群点的影响，结果通常不是全局最优而是局部最优解、无法很好地解决数据分布差别比较大的问题。

8.2.3 泸州市典型设计降雨雨型推求应用案例

1. 降雨场次划分

对于某一场确定的降雨序列，不同的降雨场次划分标准对应着不同的降雨场次和降雨量。因此，合理地确定降雨间隔时间、划分降雨场次尤为重要。本书对泸州市纳溪站2005—2022 年共 18 年的降雨资料进行处理，以降雨时间间隔为 120min 划分降雨场次，以确定降雨事件（取最小降雨时间间隔为 120min，若时间间隔大于或等于 120min，同时降雨量小于 0.1mm，则将该连续降雨过程划分为两场）。

降雨量阈值及提取方法：气象部门规定，24h 的暴雨标准值定义为 24h 雨量大于或等于50mm。对于短历时（例如 1～3h），采用伍索夫（Wussow）提出的各历时暴雨的临界值 $R(t)$ 来定义：

$$R(t) = \begin{cases} \sqrt{5t}, & t < 120\text{min} \\ \sqrt{5t - \left(\dfrac{t}{24}\right)^2}, & t \geq 120\text{min} \end{cases} \tag{8-11}$$

式中，$R(t)$ 为暴雨的临界值，mm，t 为降雨历时，min。

当一定降雨历时 t 内的降雨量 R 大于 $R(t)$ 时称为暴雨。对各历时降雨场次选取所设定的降雨量阈值取各历时的暴雨标准值，具体见表 8-3。

表 8-3　降雨历时、降雨量阈值界定

降雨历时/min	各历时暴雨临界值/mm	降雨时长参考区间/min
60	17.32	[45, 75)
120	23.98	[105, 135)
180	29.05	[165, 195)

根据 60min、120min 和 180min 三个历时对应降雨量临界阈值提取降雨场次样本。

2. 降雨取样方法

降雨场次样本取自自然降雨过程。依据每场降雨的持续时间，分别选取降雨历时在（60±15）min 和（120±15）min 的所有降雨样本（为选取尽可能多的场次，选取降雨历时±15min 的场次），按照总降雨量从大到小进行排序，选取降雨量大于对应历时雨量阈值的所有降雨场次。如推求 60min 设计暴雨雨型，则选取降雨历时约 60min（45～75min）且降雨量大于 60min 一年一遇雨量阈值（17.32mm）的降雨场次。

3. 设计雨型推求方法

（1）短历时设计雨型（P&C 法）

①挑选各历时下降雨量最大的前多场降雨事件。

②将各历时按逐 5min 分成若干时段。

③对于挑选出的每一场降雨，将各时段的雨量从大到小排列并标出各时段的序号，小序号与大雨量对应，然后将各对应时段的序号求平均值，平均值按从小到大的顺序对应雨强从大到小的顺序。

④计算各时段各次降雨量占总降雨量的比例，然后对各时段的占比取平均值。

⑤根据步骤③中的最大可能次序和步骤④中的分配比例安排每个时段，即可确定雨量过程线。

（2）长历时设计雨型（同频率分析法）

采用同频率分析法推求总历时为 1440min 的设计雨型。从分钟降雨数据中挑选出历时 1440min 降雨量最大前 10 场降雨，综合考虑挑选最具代表性的降雨过程的雨峰位置，采用 10 场暴雨各时段平均计算分配系数。

同频率降雨事件组合合成暴雨过程即通过实际降雨过程挑选出典型暴雨进行分析，控制不同历时的同频率设计雨量，借鉴洪水分析的方法，进行同频率分时段控制缩放。具体步骤如下。

①确定 H720 的位置。根据统计的多场历时 1440min 的降雨，统计每场降雨雨量最大的 720min 所在的位置，利用众值定位的方法，即以出现次数最多的位置确定最大 720min 雨量 H720 发生的位置。

②确定 H720 以外时间的降雨比例。根据统计的多场历时为 720min 典型降雨样本，利用主峰对齐叠加求平均值，得出 H720～H1440 雨型分配比例。

③重复以上步骤，以"出现次数最多的情况（众值）确定时间序位，以平均情况（均值）确定各时段雨量的比例"的原则，从最大 720min 降雨过程 H720 中找出包含的最大 360min 降雨过程 H360，根据主峰对齐确定最大 360min 的起始时段，得到 H360－H720 的分配比例。

④分别求出 360min，240min，180min，120min，90min，60min，45min，30min，15min 对应的最大 240min，180min，120min，90min，60min，45min，30min，15min，5min 发生的位置，以及 H240～H360、H180～H240、H120～H180、H90～H120、H60～H90、H45～H60、H30～H45、H15～H30、H5～H15 的分配比例（最大 5min 雨量值的比例为 1）。

⑤根据以上步骤，最终得到泸州市 1440min 设计暴雨雨型分配结果。

4. 推求结果

（1）短历时设计雨型（60min，120min，180min）

①60min 雨型。以降雨量 17.32mm 为暴雨临界值，选取降雨历时约 60min（45～75min）的实际降雨共 34 场。表 8-4 给出了降雨历时约 60min 降雨量最大的前 34 场降雨。

分析可知，34 场降雨中，按照雨峰的出现位置判断，4 场为均匀降雨，13 场为单峰型降雨，12 场为双峰型降雨，5 场为三峰型降雨。34 场历时约 60min 降雨量大于 17.32mm 的降雨过程，降雨量最大的场次发生在 2007 年，最大过程降雨量为 71.4mm。

表 8-4　降雨历时约 60min 降雨量最大的前 34 场降雨

降雨开始时间（年/月/日 时：分）	降雨历时/min	降雨量/mm	峰形	峰值位置
2005/07/19 23：59	60	35.0	三峰	中
2005/07/08 03：19	60	33.0	双峰	前、后
2006/08/21 07：51	60	42.3	单峰	中
2006/07/07 03：15	60	29.7	双峰	前、中
2007/06/29 07：24	60	71.4	双峰	前、后
2007/07/09 07：32	60	53.6	双峰	前、中
2008/07/18 11：40	60	40.6	单峰	前
2008/04/21 07：37	60	35.5	单峰	后
2009/08/28 23：35	60	32.8	双峰	中
2010/07/08 00：33	60	50.4	双峰	中、后
2010/08/21 18：47	60	47.8	单峰	中
2011/06/16 21：28	60	21.4	单峰	后
2011/06/20 00：02	60	18.3	单峰	后
2012/07/21 22：31	60	50.7	三峰	前、中
2012/09/10 21：43	60	48.0	双峰	前、后
2013/07/01 02：07	60	43.1	双峰	前、后
2013/08/17 00：08	60	29.5	双峰	前、中
2014/06/03 04：26	60	46.8	单峰	后
2014/10/03 22：56	60	24.2	三峰	前、中、后
2015/09/10 22：27	60	34.1	均匀	前、中、后
2015/06/30 01：42	60	30.3	单峰	中
2016/08/01 03：01	60	42.9	双峰	前、中
2016/08/11 05：38	60	42.9	双峰	前、后
2017/05/21 04：10	60	27.7	三峰	前、后
2017/08/03 19：33	60	22.1	单峰	中
2018/07/02 20：12	60	56.6	单峰	前
2018/08/03 18：53	60	63.0	单峰	中
2019/07/19 23：53	60	43.4	单峰	中
2019/05/24 21：42	60	23.0	均匀	中
2020/07/16 21：51	60	42.7	均匀	前
2020/06/02 00：35	60	34.0	三峰	前、中、后
2021/09/12 03：38	60	23.5	双峰	中
2022/06/26 23：52	60	68.2	均匀	前
2022/07/17 06：24	60	27.4	单峰	中

按照 P&C 法的原理，在级序最大的位置上放置峰值，综合级序和比例，即可得到 60min 的雨型分配比例，相应的雨峰发生位置 r 为 0.6。表 8-5 给出了暴雨雨型的各时段级序和比例，图 8-9 给出降雨历时为 60min 的 P&C 法设计暴雨雨型，分析可知，雨峰位置降雨量占总雨量的 11.93%。

表 8-5　历时 60min 的 P&C 法设计暴雨雨型的各时段级序和比例

雨峰时段/(5min)	级序	比例/%
1	12	4.43
2	10	6.97
3	8	8.31
4	7	8.33
5	2	10.48
6	1	11.93
7	3	9.76
8	4	9.18
9	5	8.54
10	6	8.47
11	9	7.55
12	11	6.32

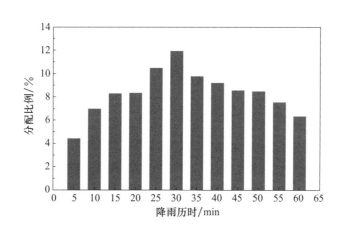

图 8-9　历时 60min 的 P&C 法设计暴雨雨型

②120min。以降雨量 24.9mm 为暴雨临界值，选取降雨历时约 120min（115~135min）的实际降雨共 32 场。表 8-6 给出了降雨历时约 120min 降雨量最大的前 32 场降雨。分析可知，32 场降雨中，按照雨峰的出现位置判断，均匀降雨有 4 场，单峰型降雨有 9 场，双峰型降雨有 11 场，三峰型降雨有 8 场。32 场历时约 120min 降雨量大于 24.9mm 的降雨过程，降雨量最大的场次发生在 2007 年，最大过程降雨量为 106.3mm。

表 8-6 降雨历时约 120min 降雨量最大的前 32 场降雨

降雨开始时间（年/月/日 时：分）	降雨历时/min	降雨量/mm	峰形	峰值位置
2005/05/29 03：13	120	43.8	单峰	中
2005/07/08 02：50	120	36.1	双峰	中
2006/08/21 07：21	120	53.3	双峰	中、后
2006/07/07 03：15	120	37.3	双峰	前
2007/06/29 07：22	120	106.3	双峰	前、中
2007/07/16 20：35	120	57.8	三峰	前、中、后
2008/07/18 11：16	120	55.6	三峰	前、中、后
2008/04/21 07：29	120	42.3	单峰	中
2009/08/29 03：20	120	39.7	单峰	前
2010/07/08 00：33	120	66.9	三峰	前、中、后
2010/08/21 18：41	120	58.0	单峰	中
2011/06/19 23：31	120	26.1	双峰	前、后
2011/06/16 20：57	120	24.5	单峰	后
2012/09/10 21：48	120	79.6	均匀	前
2012/09/01 00：23	120	68.6	均匀	中
2013/07/01 01：40	120	49.8	双峰	中
2013/08/28 22：50	120	34.6	三峰	前、中
2014/06/03 04：45	120	85.4	双峰	前、后
2014/10/03 22：54	120	30.3	三峰	前、中
2015/07/22 04：17	120	48.6	三峰	前、中、后
2015/07/14 12：58	120	44.4	双峰	前、后
2016/06/18 22：56	120	53.4	均匀	后
2016/08/11 05：38	120	46.4	双峰	前、中
2017/05/21 03：26	120	34.3	单峰	后
2018/07/25 05：04	120	103.2	均匀	后
2019/07/19 23：53	120	49.0	单峰	前
2019/09/08 01：03	120	29.6	三峰	前、后
2020/07/16 21：46	120	59.3	单峰	前
2020/06/02 00：13	120	37.3	双峰	前、中
2021/09/12 03：13	120	25.5	单峰	中
2022/06/26 23：40	120	84.2	三峰	前、中
2022/05/09 08：34	120	36.6	单峰	中

按照 P&C 法的原理，在级序最大的位置上放置峰值，综合级序和比例，即可得到 120min 的雨型分配比例。表 8-7 给出了暴雨雨型的各时段级序和比例，图 8-10 给出了历时 120min 的 P&C 法设计暴雨雨型，分析可知，该雨型为均匀雨型。

表 8-7 历时 120min 的 P&C 法设计暴雨雨型的各时段级序和比例

雨峰时段/（5min）	级序	比例/%	雨峰时段/（5min）	级序	比例/%
1	20	2.80	13	8	4.90
2	13	4.06	14	11	4.42
3	17	3.68	15	12	4.32
4	16	3.84	16	4	5.44
5	14	3.98	17	10	4.74
6	6	5.02	18	15	3.89
7	1	5.99	19	21	2.72
8	5	5.43	20	22	2.59
9	7	4.94	21	24	2.30
10	3	5.57	22	18	3.13
11	2	5.92	23	19	3.09
12	9	4.87	24	23	2.36

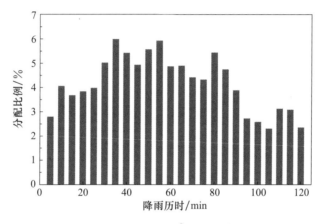

图 8-10 历时 120min 的 P&C 法设计暴雨雨型

③180min。以降雨量 29.05mm 为暴雨临界值，选取降雨历时约 180min（165～195min）的实际降雨共 29 场。表 8-8 给出了降雨历时约 180min 降雨量最大的前 29 场降雨。分析可知，29 场降雨中，按照雨峰的出现位置判断，均匀降雨有 1 场，单峰型降雨有 9 场，双峰型降雨有 10 场，三峰型降雨有 9 场。29 场历时约 180min 降雨量大于 29.05mm 的降雨过程，降雨量最大的场次发生在 2007 年，最大过程降雨量为 111.4mm。

表 8-8 降雨历时约 180min 降雨量最大的前 29 场降雨

降雨开始时间（年/月/日 时：分）	降雨历时/min	降雨量/mm	峰形	峰值位置
2005/07/08 01：46	180	49.9	双峰	前、后
2005/05/29 02：57	180	45.1	单峰	中
2006/07/07 03：15	180	56.9	三峰	前、后
2006/08/21 06：18	180	54.0	双峰	中、后
2007/06/29 06：54	180	111.4	双峰	前、中
2007/07/16 20：28	180	65.0	三峰	前、中
2008/07/18 10：52	180	57.2	三峰	前、中、后
2008/04/21 06：31	180	46.0	单峰	后

降雨开始时间（年/月/日 时：分）	降雨历时/min	降雨量/mm	峰形	峰值位置
2009/08/29 03：29	180	45.5	单峰	前
2010/07/08 00：16	180	69.3	三峰	前、中、后
2010/08/21 18：41	180	65.9	单峰	前
2012/09/10 21：37	180	90.3	三峰	前、后
2012/08/31 23：32	180	83.9	均匀	后
2013/07/01 01：15	180	50.4	双峰	中
2013/08/28 22：49	180	35.9	双峰	前
2014/06/03 04：44	180	106.2	三峰	前、中、后
2014/10/03 22：52	180	36.8	三峰	前
2015/07/22 03：23	180	56.8	三峰	前、中、后
2015/07/14 12：06	180	55.6	双峰	中、后
2016/06/18 22：58	180	61.1	三峰	中
2016/08/11 05：35	180	49.7	双峰	前
2017/05/21 03：47	180	39.9	单峰	中
2018/07/25 04：32	180	111.1	双峰	前、后
2019/07/19 23：41	180	56.0	单峰	前
2019/09/08 00：09	180	43.7	双峰	前、后
2020/07/16 21：45	180	70.1	单峰	前
2020/06/02 00：29	180	40.3	双峰	前
2022/06/26 23：14	180	84.5	单峰	前
2022/05/09 08：35	180	44.4	单峰	中

按照 P&C 法的原理，在级序最大的位置上放置峰值，综合级序和比例，即可得到 180min 的雨型分配比例。表 8-9 给出了暴雨雨型的各时段级序和比例，图 8-11 给出了历时 180min 的 P&C 法设计暴雨雨型，分析可知，该雨型为均匀雨型。

表 8-9　历时 180min 的 P&C 法设计暴雨雨型的各时段级序和比例

雨峰时段/(5min)	级序	比例/%	雨峰时段/(5min)	级序	比例/%	雨峰时段/(5min)	级序	比例/%
1	31	1.56	13	2	4.10	25	11	3.33
2	19	2.91	14	4	3.99	26	15	3.15
3	14	3.15	15	7	3.76	27	23	2.67
4	10	3.47	16	8	3.67	28	27	1.80
5	16	3.12	17	12	3.25	29	29	1.66
6	17	2.95	18	13	3.21	30	34	1.23
7	18	2.92	19	22	2.71	31	35	1.09
8	9	3.66	20	20	2.75	32	33	1.40
9	3	4.07	21	24	2.63	33	30	1.64
10	6	3.76	22	25	2.55	34	28	1.69
11	5	3.95	23	26	2.55	35	32	1.47
12	1	4.50	24	21	2.74	36	36	0.94

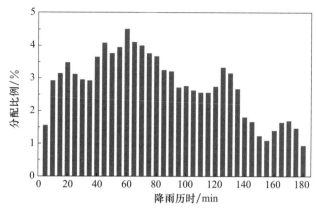

图 8-11 历时 180min 的 P&C 法设计暴雨雨型

（2）长历时设计雨型（超过 1440min）

选取降雨历时超过 1440min 的实际降雨共 10 场，并按照降雨量从大到小排列。表 8-10 给出了降雨历时超过 1440min 降雨量最大的前 10 场降雨，图 8-12 给出了历时超过 1440min 雨型降雨场次样本。分析可知，10 场降雨过程中，降雨量最大的场次发生在 2012 年，最大过程降雨量为 203.8mm；最大雨强发生在 2018 年，为 3.3mm/min。

表 8-10 降雨历时超过 1440min 降雨量最大的前 10 场降雨

降雨开始时间（年/月/日 时：分）	降雨历时/min	降雨量/mm	最大雨强/(mm/min)
2005/08/16 01：57	1447	77.7	0.7
2007/07/08 21：26	1454	151.4	2.0
2012/07/21 22：15	1432	148.6	1.8
2012/08/31 18：16	1449	203.8	1.3
2012/09/10 21：38	1452	131.4	2.2
2014/09/17 16：17	1453	83.9	0.4
2015/07/14 05：44	1443	106.6	1.2
2018/07/25 04：37	1434	114.0	2.0
2018/08/02 21：12	1439	104.2	3.3
2018/08/16 18：21	1427	90.7	2.6

按照同频率分析法的原理，得到设计雨型的各时段分配比例，如图 8-12 所示。

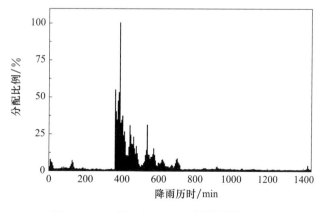

图 8-12 历时超过 1440min 的设计暴雨雨型

9 泸州市建成区内涝风险识别与分析

内涝风险区划是城市实施洪涝灾害风险管理的重要依据。本章考虑排水管网设计标准和内涝防治设计标准，基于城市综合流域排水模型系统（InfoWorks ICM）建立了泸州市建成区一维/二维耦合水动力学模型，对排水系统现状进行了评估，并分析泸州市建成区内涝积水情况。采用情景模拟法对泸州市建成区内涝风险进行评估，从而划定泸州市建成区设计标准内和标准外内涝风险区。

9.1 研究区域概况

9.1.1 地理概况

泸州市位于四川省东南部，北纬 27°39′45″～29°19′56″，东经 105°08′34″～106°22′32″，泸州市地处川东南平行褶皱岭谷区南端与大娄山的复合部，北部为河谷、低中丘陵，平坝连片，为鱼米之乡；南部连接云贵高原，属大娄山北麓，为低山，河流深切，河谷陡峭，森林、矿产、水能资源丰富。其地理位置如图 9-1 所示。

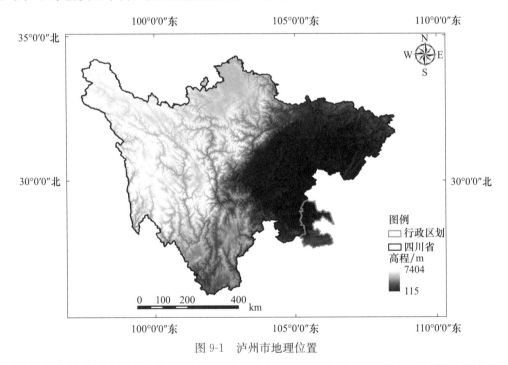

图 9-1 泸州市地理位置

泸州市市域范围内以长江为侵蚀基准面，由南向北逐渐倾斜，山脉走向与构造线方向基本一致，呈东西向、北西向及北东向展布。大体上以江安—纳溪—合江一线为界，南侧为中、低山；北侧除背斜形成北东向狭长低山山垅外，均为丘陵地形。最低点是合江九层长江出境河口，海拔 203m；最高点是叙永县分水杨龙弯梁子，海拔 1902m，相对高差 1699m。按其特点，全市地形地貌大体上可分为四种类型，即北部浅丘宽谷区、南部低中山区、中部丘陵低山区和沿江河谷阶地区。市区海拔高度在 240～520m。研究区域地形分布图如图 9-2 所示。

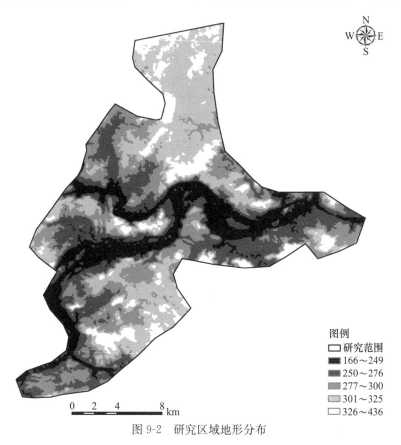

图例
■ 研究范围
■ 166～249
■ 250～276
■ 277～300
□ 301～325
□ 326～436

0　2　4　　8 km

图 9-2　研究区域地形分布

9.1.2　气象水文概况

泸州市北部为准南亚热带季风湿润气候；南部山区气候有中亚热带、北亚热带、南温带和北温带气候之分，具有山区立体气候的特点。气温较高，日照充足，雨量充沛，四季分明，无霜期长，温、光、水同季，季风气候明显，春秋季暖和，夏季炎热，冬季不太冷。但受四川盆地地形影响，泸州市夏季多雷雨，冬季多连绵阴雨，多轻雾天气，全年少有大风，多为 0～2m/s 的微风。

全市年平均气温 17.5～18.0℃，年际变化为 16.8～18.6℃，高低年间相差值为 1.8℃；泸州市无霜期在 300d 以上，降雪甚少，个别年份终年无霜雪。年平均降雨量 748.4～1184.2mm，日照 1200～1400h。泸州市年降雨量较大，长江由南西至北东横贯全区，区内江河水量充沛。市区内两江沿岸的街道高程较低、易被水淹，由于部分片区排水沟断面较小，附近房屋易被山洪侵袭，地势低洼处也易形成内涝，造成建成区道路积水、交通中断、市政排水设施受损等诸多不良影响。

9.1.3　河流水系

泸州市境内大、中、小江河溪流众多，但小溪河源径流短。境内河流同属长江水系，以长江为主干，呈树枝状分布，由南向北和由北向南汇入长江。主要河流有长江干流、沱江、赤水河、古蔺河、永宁河、塘河、濑溪河、东门河等。集雨面积50km²以上的河流有61条，其中集雨面积50～100km²的有30条、100～400km²的有20条、400km²以上的有11条。泸州市的河流属于亚热带季风气候控制下季风型河流，即暖季河流，径流靠夏季降雨补给，夏季最大，冬季最小。境内河流湖泊众多，属长江水系。

长江分布于市区北部，由西从纳溪区大渡口镇进入泸州市，流经泸州市纳溪区、江阳区、龙马潭区、泸县至合江县望龙镇入重庆市，横穿全市133km，江面宽600～1300m，以长江为主干，由4级支流组成树枝状水系。境内汇入长江的主要支流有永宁河、沱江、龙溪河、赤水河。湖泊主要有黄龙湖、玉龙湖、凤凰湖、红龙湖等。水资源总量大，但分布不均。研究区域内的河流水系情况如图9-3所示。

图9-3　研究区域河流水系

9.1.4　社会经济概况

泸州市下设江阳、纳溪、龙马潭3个区，共管辖92个镇和26个街道办事处、344个社区居委会、2328个居民小组、1143个村民委员会和10499个村民小组，城区建成区面积约247km²，全市常住人口约425.9万，城镇人口约218.7万，城镇化率可达51.35%。

"十三五"期间（2016—2020年），泸州市经济快速增长，全市生产总值年均增长约15.7%，5年翻了近一番，财政总收入年均增长率约8.5%，5年间增长约1.2倍。泸州市经济呈现出持续稳定发展的势头，如图9-4所示。

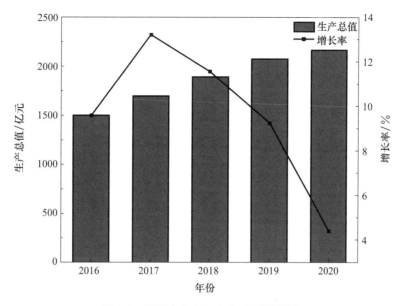

图 9-4 泸州市 2016—2020 年经济形势

9.2 泸州市建成区内涝调研与分析

泸州市是典型的丘陵地区城市，市区海拔高度在 240～520m，地形起伏较大，坡度较陡，导致地表径流速度较快，虽然中心城区具有较大的坡向有利于快速排出雨水，但由于下垫面起伏较大，容易在低洼处形成积水，造成严重的内涝灾害。此外，泸州市立交桥较多，立交桥底层更是积水重灾区。泸州市暴雨事件集中在夏季 6—9 月发生，区县降雨量最高可达 170mm/d 左右，引发城市内涝，造成多处道路受损，威胁群众生命安全。对历史新闻报道进行整理，泸州市发生的部分重大暴雨灾害见表 9-1。

表 9-1 泸州市历史暴雨事件统计

编号	日期（年/月/日）	降雨情况	受灾抢险情况
1	2012/07/23	长江上游于 7 月 23 日迎来洪峰，15 时最高水位达到 19.62 m，洪峰水位距泸州市 1948 年的 100 年一遇特大洪水仅差 0.34m	武警官兵、机关干部以及志愿者等 10 万人投入抗洪抢险，全泸州市安全转移群众 10 万多人
2	2015/07/14	截至 12 时，最大降雨量超过 200mm	城区因暴雨引发内涝，部分路段内涝严重，交通中断
3	2016/06/18—19	全市 41 个站点大暴雨，最大降雨量出现在叙永正东，达 170mm。永宁河洪峰水位为 336.18m，为 80 年一遇特大洪水	3 万多名群众受困，多处道路中断。城区部分低洼地带街面积水，少数车辆被困。纳溪区上马镇永宁河水位上涨，出现洪水倒灌
4	2016/07/18—19	全市 40 个站点大暴雨，中心城区最大降雨量分别为龙马潭区（小市三华山）190.6mm、江阳区（况场楼房）153.8mm、纳溪区（大渡）99.4mm	龙马潭区炭黑厂玉龙苑小区等部分地方出现内涝，造成上百名民众被困急需营救、转移

编号	日期（年/月/日）	降雨情况	受灾抢险情况
5	2021/07/15—16	龙马潭区大部、江阳区中部出现强降雨	应急抢险车辆 8 台，清掏和疏通积水点位 14 个
6	2021/08/08—09	各区县最大降雨量分别为江阳区黄舣 8.1mm、龙马潭区鱼塘 6.4mm、纳溪区护国德红 7.1mm、泸县石桥 6.1mm、合江县先滩自怀 26.9mm、叙永县麻城 66.2mm、古蔺县茅溪马跃 169.7mm	古蔺县境内多条道路受损、受灾群众 6200 余人
7	2021/09/11—12	最大降雨量分别为古蔺县二郎镇 236.5mm、东新镇 202.8mm、太平镇 144.2mm	暴雨引发洪涝灾害，造成古蔺县二郎镇、东新镇、太平镇、大村镇 4 个乡镇 5696 人受灾；公路塌方 9000m³，道路中断 9 处
8	2022/06/26—27	各区县最大降雨量分别为江阳区泰安大面寺 161.0mm、龙马潭区鱼塘 158.5mm、纳溪区纳溪 127.5mm、泸县兆雅 135.8mm、合江县白米 141.6mm、叙永县正东 53.5mm、古蔺县箭竹 64.6mm	全市 18 个乡镇受灾，道路被淹 30 余处，堡坎垮塌 4 处，电力受损 6 处，燃气受损 1 处，房屋受灾 224 间，农作物受灾面积 66.2hm²，全市避险转移 480 人，转移安置 407 人，无人员伤亡

泸州市典型内涝发生实例，如 2012 年 7 月 23 日，泸州市遭遇 50 年一遇特大洪水。11 时，特大洪峰经过长江四川泸州段，泸州市城区部分路段被洪水淹没，长江上游来水流量激增，涨至 4.6 万 m³/s。截至 2012 年 7 月 23 日 14 时，暴雨、洪水已造成全市 121 个乡镇 78.04 万人受灾。此次暴雨、洪水造成全市直接经济损失 9.91 亿元。

2016 年 6 月 18 日 8 时至 19 日 7 时，泸州市境内 41 个站点大暴雨，87 个站点暴雨，44 个站点大雨；中心城区最大降雨量分别为纳溪区 136.5mm、江阳区 107.3mm、龙马潭区 93.3mm。6 月 18 日 23 时 15 分泸州市发布暴雨橙色预警信号，由于暴雨持续，泸州市部分城区已出现严重内涝。龙马潭区红星路龙城丽都小区外出现了较深的积水，水井沟发生严重积水，纳溪区上马镇永宁河水位上涨出现洪水倒灌。

同年 7 月 18 日 19 时至 19 日 4 时，全市 40 个站点大暴雨，72 个站点暴雨，45 个站点大雨，中心城区最大降雨量分别为龙马潭区 190.6mm、江阳区 153.8mm 和纳溪区 99.4mm，此次强降雨天气降雨量大，且降雨过程集中，部分地方 3h 内降雨量超过 100mm。7 月 18 日 21 时 40 分泸州市发布 2016 年首次暴雨红色预警信号，该场暴雨致中心城区多处低洼地段被淹，如钓鱼台路沁园春路口发生积水。

2022 年 6 月 26 日至 27 日，泸州市普降大雨到暴雨，全市共出现大暴雨 43 个站点，暴雨 65 个站点，大雨 47 个站点，中雨 28 个站点，小雨 31 个站点。最大降雨量出现在江阳区，高达 161.0mm，其次是龙马潭区（158.5mm）。根据新闻报道相关资讯，6 月 26 日 23 时 41 分，沱江二桥车辆经过犹如划船行驶，某小区地下停车场淹没水深达半个车轮位置，双加镇道路积水可至成年人膝盖位置。

根据《泸州市城市排水（雨水）防涝综合规划（2010—2030）》和《泸州市海绵城市专项规划（2016—2030）》，截至 2016 年，泸州市中心城区主要暴雨内涝积水点有 53 个，其中 26 个在龙马潭区，23 个在江阳区，4 个在纳溪区。根据《泸州市 2021 年度海绵城市建设自评估报告》，截至 2021 年，泸州市中心城区主要暴雨内涝积水点共 19 个。在此期间，除炭黑厂小区、国窖广场和沁园春以外，剩余的 50 个内涝积水点已经完全消除。2021 年后，包含未消除的 3 个积水点，共 19 个历史内涝积水点已完全消除。两个时期的内涝积水点位置分布如图 9-5 所示。

图例

● 2016年历史内涝点	城南排水分区
● 2021年历史内涝点	小市排水分区
—— 远景道路	张坝排水分区
—— 骨干道路	机械园排水分区
—— 高速路	永宁河排水分区
—— 中心区道路	玉带河排水分区
—— 总规放线	茜草排水分区
—— 等级公路规划	蓝田排水分区
—— 车行道	邻玉排水分区
—— 铁路	酒业园排水分区
中心半岛排水分区一	高坝排水分区
中心半岛排水分区二	鱼塘排水分区

图 9-5　2016 年和 2021 年泸州市历史内涝点位置图

泸州市建成区内涝积水点集中分布在玉带河排水分区、小市排水分区和中心半岛排水分区。据统计，72 个历史内涝积水点中，33 个点存在排水管径小、排水能力不足问题，37 个点存在地势低洼问题，总体而言，泸州市中心城区内涝的主要原因是部分地区地势低洼，排水系统设计能力不足。以重复出现内涝的 3 个积水点为例，国窖广场位于中心半岛排水分区二的东侧，处于长江与沱江交汇处附近，且靠长江近，国窖广场入口道路较窄，且属于下坡道路，容易发生积水；炭黑厂本身地势低洼，仅比邻近的玉带河高 3m，降雨较大时容易形成倒灌，且炭黑厂小区属于老旧小区，管网排水能力较弱，从而导致多次内涝，虽然管网问题在 2021 年前得以解决，但无法完全避免其地势较低和玉带河河水上涨造成顶托对其造成的影响；沁园春小区同样存在地势低洼问题，降雨时雨水篦子常被树叶堵塞，此外，该位置排水出口集中，且管道管径小。由此可见，管道排水能力和地形地势对泸州市内涝灾害的影响较大。

相关部门已按照《泸州市城市排水（雨水）防涝综合规划（2010—2030）》和《泸州市海绵城市专项规划（2016—2030）》的相关要求，积极开展城市内涝综合治理工作。泸州市强化源头项目管控建设，在公园绿地、建筑小区、道路、广场等地进行海绵城市建设改造，截至 2021 年，年径流总量控制率达标面积为 42.31km² ，占现状建成区面积的 24.38%。泸州市持续推进城市排水防涝工作，新城采用雨污完全分流制，对于已建成区则加快雨污分流改造，并采取相应初期雨水截流措施，将截留的初期雨水进行达标处理。截至2021年，泸州市已基本完成主城区约77km²雨污合流、混流区域雨污分流改造工作，其中，江阳区已完成改造面积约37km²，新建、改建管网302km；龙马潭区完成改造面积约32km²，新建、改建管网约256km；纳溪区完成改造面积约8km²，新建、改建管网53km。此外，泸州市有效结合城市雨污分流改造成果，全力做好汛前防范，固定开展对龙马潭区、纳溪区、江阳区共40608余处井盖及雨水篦子的排查、维修及对城区地下排水排污管道的安全检查。

尽管泸州市在内涝排查和改造方面取得积极进展，但在极端降雨下仍可能存在内涝风险。随着城市化和气候变化的影响，未来极端降雨情况也将有所不同，已消除的历史积水点有再次积水的可能，同时也会产生新问题和新风险。由前述可知，泸州市地形地势和管网排水能力是影响内涝灾害的关键因素，更是未来规划改造需要重点发力的方向，这就需要对泸州市建成区现状进行多角度分析，从管网和地形两大要素出发，考虑基于管网设计标准的较低重现期下内涝风险以及基于内涝防治标准的高重现期下内涝风险，综合评估泸州市建成区内涝风险，进行内涝风险区划，为排涝除险和城市规划工作提供参考。

9.3 泸州市建成区一维二维耦合内涝模型

9.3.1 排水能力判定标准确定

我国传统排水系统设计时管道内流态按满管均匀流考虑，计算设计流量时的水力坡度等于管底坡度，如图9-6（a）所示。重力管渠中，形成压力流但尚未溢出地面形成内涝的水力状态分为两种：第一种是管渠的水力坡度小于管底坡度，如图9-6（b）所示，根据水力学原理，该种状态表明管道已充满，水力坡度小于管底坡度，管道排水能力未达到设计降雨的重现期标准，且管道的排水能力主要受到下游管道顶托的限制；第二种是管渠的水力坡度大于管底坡度，如图9-6（c）所示，此时管道排水能力未达到设计降雨的重现期标准，且管道的排水能力受自身管径的限制。因此，这两种状态都被视为超负荷状态，在评估中，若管道出现超负荷状态，则视为该段雨水管道的排水能力不能满足相应重现期标准。

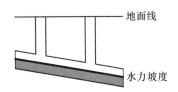
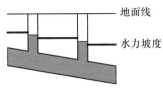
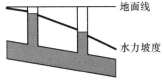

(a) 管渠水力坡度等于管底坡度　　(b) 管渠水力坡度小于管底坡度　　(c) 管渠水力坡度大于管底坡度

图9-6　排水能力判定标准

InfoWorks ICM 软件可较为有效准确地对排水管网进行管道排水能力评估，对于上述超载状态1，软件中以值1表示，对超载状态2，以值2表示。因此不论超载状态是1还是2，均表示管道不能满足水流排放要求，即达到超负荷状态。

9.3.2 一维/二维耦合模型构建流程

InfoWorks ICM 是由 HR Wallingford 模型公司开发的一款综合流域排水系统模型，可进行一维和二维模拟，广泛用于排水系统现状评估、城市洪涝灾害预测评估、城市降雨径流控制及调蓄设计评估，由一维城市排水管网排水系统水力模型、一维河道系统水力模型、二维城市/流域洪涝淹没模型组成，系统完整模拟城市雨水循环过程，实现了城市排水管网排水系统模型与河道系统模型的整合，更为真实地模拟地下排水管网系统与地表收纳水体之间的相互作用。它可在一个独立模拟引擎内，完整地将城市排水管网及河道的一维水力模型同城市流域二维洪涝淹没模型结合在一起，实现在单个模拟引擎内组合这些模型引擎及功能。

其主要模块包括：排水管网水力模型（水文模块、管道水力模块、污水量计算模块）、河道水力模型、二维城市/流域洪涝淹没模型、实时控制模块、水质模块、可持续构筑物模块。管道水力模块中水流在管道内部以一维圣维南方程组为基础依据进行水动力学计算，它们是一对质量守恒和动量守恒等式，可完整地模拟管道或渠道内的水力学状态，精确模拟回水和溢流现象。

$$\frac{\delta A}{\delta t} + \frac{\delta Q}{\delta x} = 0 \tag{9-1}$$

$$\frac{\delta Q}{\delta t} + \frac{\delta \left(\frac{Q^2}{A} \right)}{\delta x} + gA \left(\cos\theta \frac{\delta y}{\delta x} - S_0 + \frac{Q|Q|}{K^2} \right) = 0 \tag{9-2}$$

式中，Q 为流量，m^3/s；A 为横截面积，m^2；g 为重力加速度，m^2/s；θ 为水平夹角，（°）；S_0 为床层坡度；K 为输送量（采用柯尔勃洛克-怀特或曼宁公式计算）。

利用浅水方程对二维水动力过程进行计算。浅水方程是将 Navier-Stokes 方程在水深方向做平均后得到的简化形式，在二维浅水流动中，假设流动主要在水平方向，忽略流动在垂直方向上的变化，模型中使用守恒型的浅水方程数学表达式，即：

$$\frac{\partial h}{\partial t} + \frac{\partial (hu)}{\partial x} + \frac{\partial (hv)}{\partial y} = \sum_{i=1}^{n} q_i \tag{9-3}$$

$$\frac{\partial (hu)}{\partial t} + \frac{\partial \left(h u^2 + \frac{g h^2}{2} \right)}{\partial x} + \frac{\partial (huv)}{\partial y} - \frac{\partial \left(\varepsilon h \frac{\partial u}{\partial x} \right)}{\partial x} - \frac{\partial \left(\varepsilon h \frac{\partial u}{\partial y} \right)}{\partial y}$$
$$= gh(S_{0,x} - S_{f,x}) + \sum_{i=1}^{n} q_i u_i \tag{9-4}$$

$$\frac{\partial (hv)}{\partial t} + \frac{\partial \left(h v^2 + \frac{g h^2}{2} \right)}{\partial y} + \frac{\partial (huv)}{\partial x} - \frac{\partial \left(\varepsilon h \frac{\partial v}{\partial x} \right)}{\partial x} - \frac{\partial \left(\varepsilon h \frac{\partial v}{\partial y} \right)}{\partial y}$$
$$= gh(S_{0,y} - S_{f,y}) + \sum_{i=1}^{n} q_i v_i \tag{9-5}$$

式中，t 为时间；x，y 为空间坐标；h 为水深，m；u，v 分别为 x 与 y 方向的速度，m/s；q_i 为第 i 个净源项通量，m/s；u_i 与 v_i 分别为在 i 方向与 j 方向的速度，m/s；g 为重力加速度，m/s^2；ε 为涡流黏度，m^2/s；$S_{0,x}$ 与 $S_{0,y}$ 分别为在 x 与 y 方向的底坡源项；$S_{f,x}$ 与 $S_{f,y}$ 分别为 x 与 y 方向的摩擦力源项；n 为源项通量的数目。

水文模块中采用分布式降雨-径流模型，基于详细的子集水区空间划分和不同产流特性的表面组成进行径流计算，主要计算单元包括初期损失、产流计算、汇流计算。模型中产流模块分为固定比例径流模型、Wallingford 固定径流模型、新英国径流模型等不透水模型，以及美国 SCS 模型、Green-Ampt 渗透模型、Horton 渗透模型、固定渗透模型等透水模型。汇流模型分为双线性水库模型、大型贡献面积径流模型、SPRINT 径流模型、Desbordes 径流模型、SWMM 径流模型。

本书采用模型模拟降雨-径流、排水及地表积水过程，建模主要需要用到水文模型、管网水力学模型和地表淹没模型。基于 InfoWorks ICM 的一维/二维耦合模型构建的主要流程如图 9-7 所示。

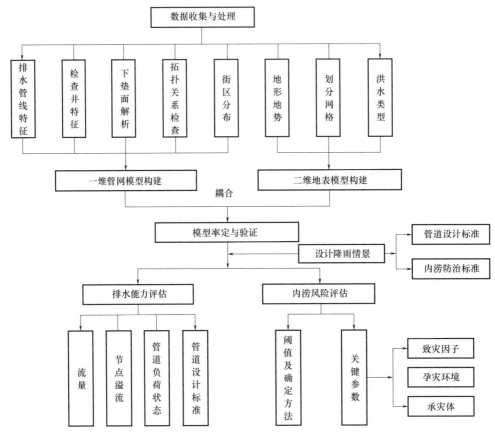

图 9-7　一维/二维耦合模型构建流程

9.3.3　泸州市建成区模型构建

1. 研究区域数据资料概况

构建泸州市建成区 InfoWorks ICM 模型，需要的建模数据包括研究区域内的排水管网资料、边界资料、下垫面资料以及水文资料。

（1）排水管网资料

项目排水管网均采用雨污分流制。管道断面多采用圆形或矩形，圆管管径最大为 2800mm，最小为 300mm；矩形管道最大尺寸为 5000mm×5000mm，最小尺寸为 800mm×600mm。

排水管网的 CAD 图可提供管线起点和终点的 X，Y，Z 坐标，管道流向，管径大小和节点的 X，Y，Z 坐标及其类型等信息。但 CAD 文件储存的属性数据有限，而且无法明确反映管线和节点间的空间拓扑结构，需要应用 ArcGIS 软件对其进行处理。在使用 ArcGIS 软件建立管网系统的拓扑结构时需要注意几个问题，首先节点不应该出现孤立和重叠的情况，其次管线不能重叠且管线的端点必须要被其他要素覆盖。初步建立了管网系统的拓扑结构后，需要进一步校验管网的流向错误。ArcGIS 软件仅能进行拓扑结构校验及一维层面的检查，但管网系统还存在一些问题需要进行二维层面的检查，并进行相应处理。使用

InfoWorks ICM 对管网系统进行二维层面的检查。

（2）边界资料

对于 InfoWorks ICM 而言，排水出口的边界，即下游排水末端与河道或者其他水体相连的排水口边界。建模所需的河道资料应该包含潮位或者河道水位等。

（3）下垫面资料

下垫面资料主要包括土地利用类型、地形数据等，用来计算子汇水区不透水率，确定土壤下渗率以及子汇水区坡度等参数。此外，根据遥感图，采用 ArcGIS 提取建筑物的分布和道路分布。泸州市数字调和模型（DEM）数据来自地理空间数据云，空间分辨率为 30m。

（4）水文资料

采用当地的城市设计暴雨公式结合第 8 章推求的实际雨型来设计暴雨过程。

2. 研究范围

以泸州市建成区作为研究区域，研究区域总面积为 362.76km²，研究区域范围如图 9-8 所示。

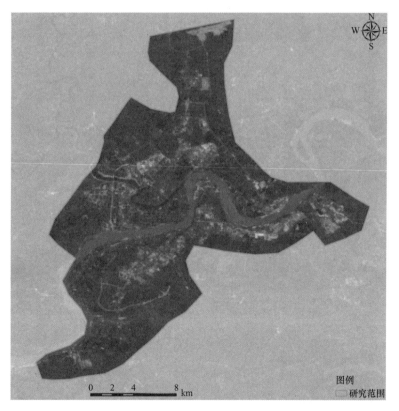

图 9-8　研究区域范围图

（卫星底图来源：国家地理信息公共服务平台"天地图"；网址：www.tianditu.gov.cn）

3. 一维网格结构

在构建泸州市建成区一维排水模型构建前，需要对排水系统进行概化，概化内容主要包括节点及管道连接两个方面。在模型中节点主要包括检查井和出水口两种类型。其中，检查井主要由雨水井、雨水篦子、转折点等概化而来，出水口即排水系统的末端出流处。管道是节点间的连接，暴雨产生的地表径流汇入城市排水管网系统后最终汇集到河道中。在 InfoWorks ICM 中，管网数据为 .shp 格式的电子数据，且需包含网络的完整拓扑结构、检查井的地面高程、管道管径、管底高程等属性信息。如有需要还应包含管网中各种附属构筑物（闸门、孔口、堰等）的相关参数信息，以及水池、泵站等的相关参数信息。模型经概化后，研究区域的节点共计6210个，其中包含426个出水口；管渠共计5784段。

一维网络结构数据由ArcGIS软件处理成.shp格式的文件后，由数据导入中心导入InfoWorks ICM软件。成功导入节点数据和管网数据后，即建立了研究区域管网系统的拓扑结构，完成了模型基础网络结构搭建。研究区域管网系统的拓扑结构如图9-9所示。

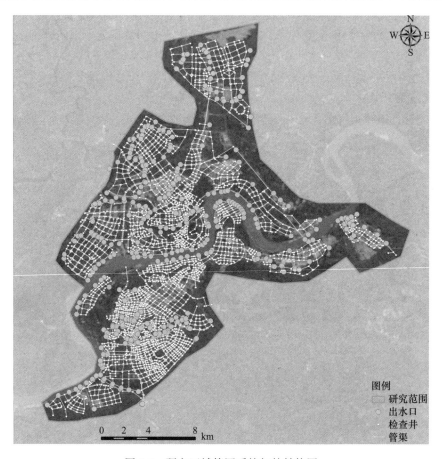

图9-9　研究区域管网系统拓扑结构图

（卫星底图来源：国家地理信息公共服务平台"天地图"；网址：www. tianditu. gov. cn）

4. 子汇水区划分

InfoWorks ICM采用分布式水文模型方法计算集水区水量，采用泰森多边形进行子汇水区的划分，最后得到模型需要的子汇水区，共计5786个（图9-10）。

子汇水区的相关属性参数是模型水文计算的基础。模型在子汇水区的基础上根据不同产流表面类型采用降雨-径流模型计算产流水量，然后每个汇水区加和其所有产流表面的产流水量，得到子汇水区的总径流量，再经过汇流模型的计算，得到每一个子汇水区对应节点的入流过程。子集水区及其内部各产流表面的面积对净流量的计算具有非常重要的影响，选用固定径流比例模型进行产流计算，选用SWMM模型进行汇流计算。

综合考虑研究区下垫面情况和模型模拟效率等因素，将研究区域的产流表面类型概化为三种，即屋面、道路、其他，屋面及道路的分布情况分别如图9-11和图9-12所示。

图 9-10　子汇水区概化图

（卫星底图来源：国家地理信息公共服务平台"天地图"；网址：www.tianditu.gov.cn）

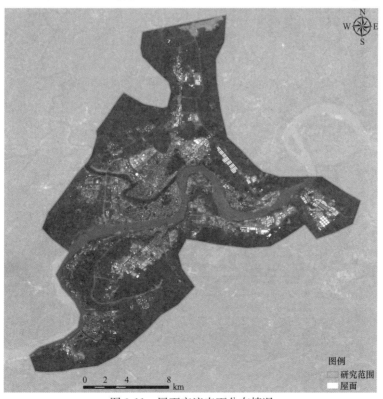

图 9-11　屋面产流表面分布情况

（卫星底图来源：国家地理信息公共服务平台"天地图"；网址：www.tianditu.gov.cn）

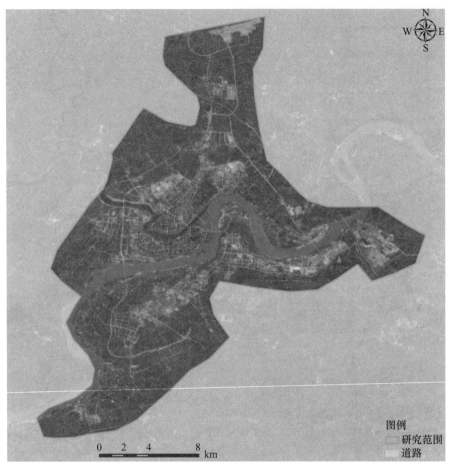

图 9-12　道路产流表面分布情况

（卫星底图来源：国家地理信息公共服务平台"天地图"；网址：www.tianditu.gov.cn）

每一个子汇水区都是由概化的三种不同类型的产流表面按不同比例组成的。三种不同类型产流表面的相关属性参数见表 9-2。

表 9-2　三种不同类型产流表面相关属性参数

产流表面编号	下垫面类型	径流量类型	表面类型	固定径流系数	初损类型	初期损失值/m	汇流模型	汇流类型	汇流参数	总面积/km²
1	屋面	固定径流系数	不透水表面	0.8	绝对初损型	0.001	SWMM	相对值	0.020	16.27
2	道路	固定径流系数	不透水表面	0.9	绝对初损型	0.002	SWMM	相对值	0.018	12.48
3	其他	固定径流系数	透水表面	0.5	绝对初损型	0.005	SWMM	相对值	0.025	334.01

划分完子汇水区以及确定好产流表面类型的种类及相关参数之后，根据三种不同产流表面的分布情况，使用 ArcGIS 为每一个子汇水区计算出三种不同产流表面的比例，为模型产汇流计算奠定基础。完成研究区域一维模型的搭建后，对每个子汇水区引入降雨数据后进行一维模拟分析。

5. 一维/二维模型耦合

InfoWorks ICM 可实现基于一维与二维耦合模型的内涝模拟，一维模型通常用来评估管网系统的排水能力以及提供溢流节点位置及溢流水量，而二维模型则用来模拟研究区域地面积水的流速、流向及深度。二维区间在模型里的作用是进行网格划分，每个网格从不规则三角网（TIN）模型中读取一个高程数据。研究区域的网格化情况如图9-13所示。二维区间的相关参数见表9-3。

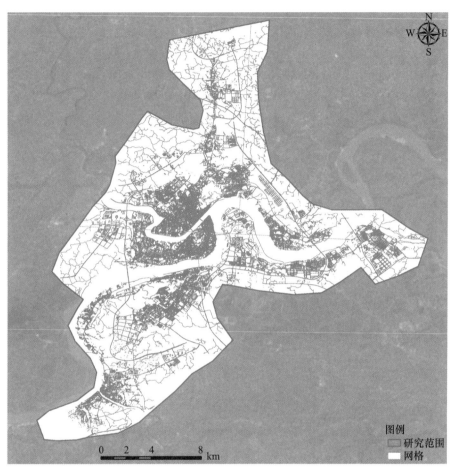

图9-13　研究区域的网格化情况

（卫星底图来源：国家地理信息公共服务平台"天地图"；网址：www.tianditu.gov.cn）

表9-3　二维区间及网格化区间参数

类型	面积/km²	最大单元网格面积/m²	最小单元网格面积/m²	最小角度/（°）
二维区间	363.09	1000	400	25

完成了研究区域的二维模型构建，结合已构建的一维网络模型，并将网络中节点的洪水类型由之前的"Stored"改为"二维"。如果有水从节点溢出，通过堰流公式，可将节点溢出水流与二维地面网格模型进行关联，实现模型一维-二维的耦合计算。

6. 降雨情景设置

降雨资料是InfoWorks ICM的输入数据，对模型模拟结果有着非常重要的影响。输入降雨事件，城市水文模型能够模拟该事件下的地表径流。选取9种不同频率的设计暴雨作为降雨边界条件输入模型。

根据《室外排水设计标准》（GB 50014—2021）、《国务院办公厅关于做好城市排水防涝设施建设工作的通知》（国办发〔2013〕23 号）和《泸州市城市排水（雨水）防涝综合规划（2010—2030）》，泸州市雨水管渠排放标准为中心城区 2～5 年一遇，非中心城区 2～3 年一遇，中心城区的重要地区 5～10 年一遇，中心城区地下通道和下沉式广场等 20～30 年一遇；泸州市内涝防治设计标准为 30～50 年一遇，地面积水设计标准为居民住宅和工商业建筑物的底层不进水，且道路中一条车道的积水深度不超过 15cm。

采用泸州市暴雨强度公式和实际雨型（详见第 8 章）形成不同重现期和历时的设计降雨雨型，统一采用 2h 降雨历时，模拟降雨情景重现期设计为 2 年一遇、5 年一遇、30 年一遇和 100 年一遇。四种不同重现期的设计暴雨过程线如图 9-14 所示。

泸州市暴雨强度公式为：

$$q=\frac{1473.348\ (1+0.792\lg P)}{(t+11.017)^{0.662}} \qquad (l/s \cdot h\,m^2) \qquad (9-6)$$

式中，q 为降雨强度（$l/s \cdot h\,m^2$）；P 为设计重现期，a；t 为降雨历时，min。

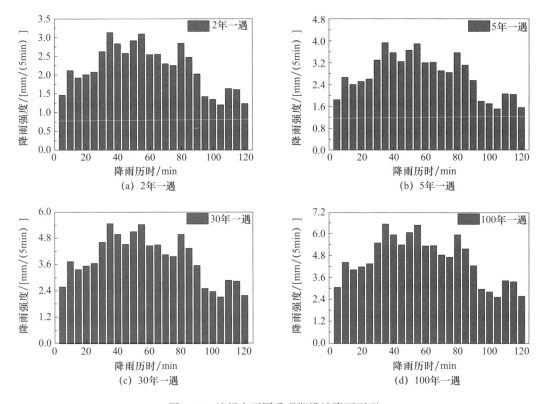

图 9-14　泸州市不同重现期设计降雨雨型

9.3.4　一维模拟结果与分析

1. 典型出口流量过程

选取 2 年一遇、5 年一遇、30 年一遇和 100 年一遇共四种不同频率的设计暴雨，对研究区域进行模拟计算。由于泸州市龙马潭老城分区内涝频发，因此选取位于该老城分区大通路和沱江路二段交界处的出口 JDinfo108 作为典型出口，根据其出流过程绘制流量过程线，如

图 9-15 所示。由此可见，径流过程与降雨强度的变化过程一致，降雨强度越大，径流峰值越大，符合实际规律。

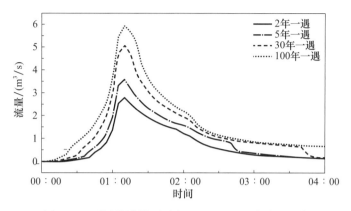

图 9-15　不同设计暴雨下出口 JDinfo108 流量过程线

2. 节点溢流

在研究区域内选取溢流量为整体平均水平的溢流节点 JDinfo2849 分析其溢流过程，如图 9-16 所示。从图中不难看出，在降雨历时和雨型相同的前提下，节点 JDinfo2849 的溢流峰值与降雨强度呈正相关关系，且设计暴雨的频率越大，该节点开始溢流的时间越早、溢流持续时间越长，溢流总量越大。

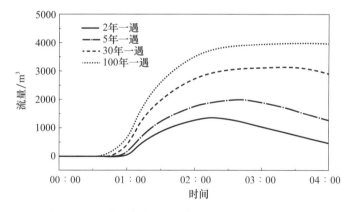

图 9-16　不同设计暴雨下节点 JDinfo2849 溢流过程线

对四种不同频率设计暴雨的模拟结果的溢流节点数量、峰值溢流量进行统计，统计结果见表 9-4。

表 9-4　不同设计暴雨下节点溢流情况统计表

设计频率	总降雨量/mm	最大雨强/(mm/h)	峰值溢流量/m³	溢流节点数量/个	溢流节点百分比/%
2 年一遇	52.26	133.90	64342.5	868	15.01
5 年一遇	65.55	167.97	79819.0	1297	22.42
30 年一遇	91.56	234.60	100701.7	2025	35.01
100 年一遇	109.03	279.37	130411.6	2534	43.81

从表 9-4 中可以看出，随着设计暴雨频率增大，溢流节点数量呈现出非常明显的增加趋势，节点峰值溢流量亦出现增大趋势。对于泸州市雨水管道设计标准（2 年一遇）的情景，溢流节点数量仅占 15.01%，而对于泸州市内涝防治设计标准（30 年一遇）的情景，总降雨量较 2 年一遇情景下总降雨量增大了 75.20%，溢流节点数量占比则增加了 1.33 倍。总的来看，随着设计暴雨频率增大，研究区域内涝问题趋于严重。尤其是对于 100 年一遇的暴雨，此次暴雨降雨强度最大，总降雨量也最大，导致出现溢流的节点数量最多，占比高达 43.81%，峰值溢流量亦最大。

3. 设计暴雨管道负荷

管道的负荷状态是指管道内水流的充满程度，一般用管道内水深与管道高度的比值来描述。InfoWorks ICM 用"超负荷状态"来反映管道的负荷状态，超负荷状态的值 S 等于管道内水深比管道高度，根据需要选取超负荷状态值。选取四个超负荷状态取值，分别为 0.5，0.8，1.0，2.0，表示的含义见表 9-5。

表 9-5 超负荷状态取值含义表

超负荷状态值	是否处于超负荷状态	含义	超负荷原因
0.5	否	管道内的水深为管道深度的 50%	—
0.8	否	管道内的水深为管道深度的 80%	—
1.0	是	水力坡度小于管底坡度	由于下游管道过流能力的限制而超负荷
2.0	是	水力坡度大于管底坡度	由于管道本身过流能力限制而超负荷

四种不同频率设计暴雨情形下，研究区域内管道的超负荷状态如图 9-17 所示。

基于四种设计暴雨的模拟结果，对 0.5，0.8，1.0，2.0 四种超负荷状态的管道总长度及比例进行相应统计。四种设计暴雨下管网系统的满载程度统计见表 9-6，超负荷状态详细统计结果见表 9-7。

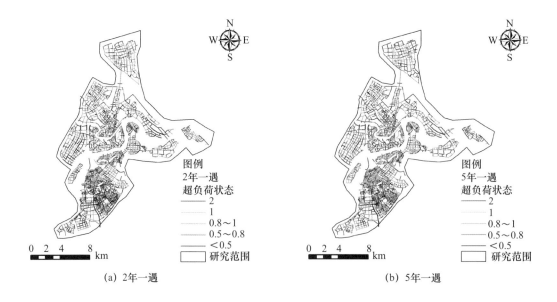

(a) 2 年一遇　　　　　　　　　　　　　　(b) 5 年一遇

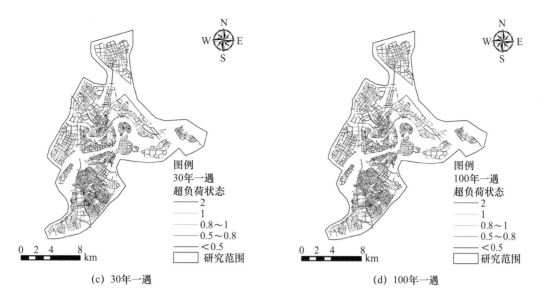

(c) 30年一遇　　　　　　　　　　　(d) 100年一遇

图 9-17　不同设计暴雨下管网超负荷状态图

表 9-6　设计暴雨管道满载程度统计表

设计频率	总降雨量/mm	最大雨强/（mm/h）	满载管道总长度/km	满载管道所占比例/％
2年一遇	52.26	133.9	715.91	52.18
5年一遇	65.55	167.97	855.80	62.37
30年一遇	91.56	234.6	1047.21	76.32
100年一遇	109.03	279.37	1123.33	81.87

表 9-7　设计暴雨管道超负荷状态统计表

设计频率	$S<0.5$		$0.5{\leqslant}S{<}0.8$		$0.8{\leqslant}S{<}1.0$		$1{\leqslant}S{<}2.0$		$S{\geqslant}2.0$	
	长度/km	比例/％	长度/km	比例/％	长度/km	比例/％	长度/km	比例/％	长度/km	比例/％
2年一遇	278.49	20.29	274.80	20.03	102.87	7.50	500.35	36.47	215.56	15.71
5年一遇	183.31	13.35	231.30	16.86	101.84	7.42	548.63	39.99	307.17	22.39
30年一遇	80.60	5.87	173.68	12.66	70.60	5.15	584.86	42.63	462.34	33.70
100年一遇	558.90	4.07	124.12	9.05	687.41	5.01	585.71	42.69	537.62	39.18

注：S 为超负荷状态。

　　根据表中数据可知，在泸州市雨水管道设计标准（2 年一遇）降雨情景下，当 $S<0.5$ 时运行的管道比例为 20.29％，当 $0.5{\leqslant}S{\leqslant}0.8$ 时运行的管道比例为 20.03％，当 $0.8{\leqslant}S{<}1.0$ 时运行的管道比例为 7.50％，满载运行的管道比例为 52.18％，其中由于下游过流能力不足而满载运行（$1.0{\leqslant}S{<}2.0$）的管道比例为 36.47％，由于自身过流能力不足而造成满载运行（$S>2.0$）的管道比例为 15.71％。对于泸州市内涝防治设计标准（30 年一遇）降雨情景，降雨强度大、总降雨量也较大，从而导致研究区域管网系统的满载管道比例高达 76.32％。随着设计暴雨频率增大，总降雨量及最大雨强增大，研究区域管网系统的满载程度提高，从而导致研究区域内涝灾害加重。而且，各频率设计暴雨情形下，由于下游过流能力不足而满载运行的管道比例远大于由于自身过流能力不足而满载运行的管道比例，表明很大一部分管道满载运行的主要原因并非都由于管道本身的断面尺寸设计过小，而是受下游管道过水能力不足的影响。如考虑对研究区域的管网系统进行改造，应优先考虑对超负荷状态值 $S=2.0$ 的管道进行改造，再考虑改造超负荷状态值 $S=1.0$ 的管道。

9.3.5 二维模拟结果与分析

InfoWorks ICM 一维模型能够提供积水范围及积水体积等相关信息，对于确定城市内涝积水的最大范围不失为一种快捷高效方法。但是一维模型依赖于流向假设，需要得到坡面流速的详细信息，尤其是当流程受到城市基础设施或建筑物的阻挡影响时，一维模型的缺陷就比较明显了。

为克服一维模型的缺陷，InfoWorks ICM 二维模型更加适于模拟管网排水能力不足时，节点溢出水流通过复杂的几何地形进行扩展流动的情况。实际上，水流在扩散发展过程中可能不断地流入或溢出排水系统，要精确而有效地模拟这样复杂的水流情况，需要耦合 InfoWorks ICM 一维和二维模型来进行综合模拟。

分别使用 2 年一遇、5 年一遇、30 年一遇和 100 年一遇四种不同频率的设计暴雨对研究区域的内涝状况进行模拟分析。四种设计暴雨下的内涝积水深度分别如图 9-18 所示。

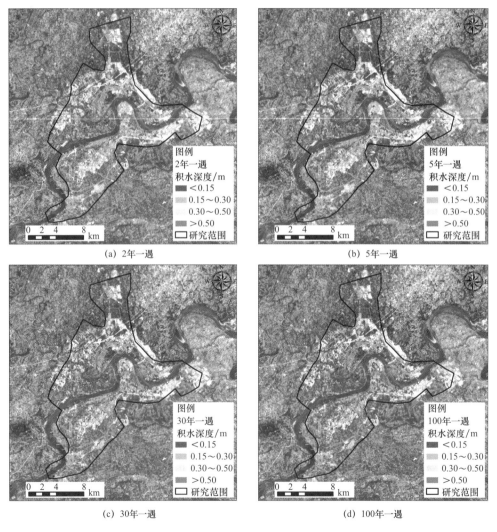

图 9-18 四种设计暴雨下的内涝积水深度

（卫星底图来源：国家地理信息公共服务平台"天地图"；网址：www.tianditu.gov.cn）

随着设计暴雨频率增大，研究区域的积水范围明显增加，积水深度亦呈现出增大趋势，内涝灾害明显加重。

在 2 年一遇的雨水管渠设计标准下，研究区域积水相对较少。星光路内涝积水点最大积水深度为 0.16～0.82m，一环路内涝积水点最大积水深度为 0.39～1.37m，华阳中路和龙翔西路交汇内涝积水点最大积水深度为 0.17～1.05m，大通路东侧内涝积水点最大积水深度为 0.15～1.59m，龙南路和向阳路交汇处内涝积水点最大积水深度为 0.16～1.40m，龙马大道三段路南侧内涝积水点最大积水深度为 0.15～1.31m，淹没较为严重；天府路内涝积水点最大积水深度为 0.15～3.22m，积水已十分严重。

在 30 年一遇的内涝防治设计标准下，研究区域积水较为明显，被淹区域相较 2 年一遇情景下明显增多。星光路内涝积水点最大积水深度增大到 0.92m，一环路内涝积水点最大积水深度增大到 1.65m，华阳中路和龙翔西路交汇内涝积水点最大积水深度增大到 1.30m，大通路东侧内涝积水点最大积水深度增大到 2.18m，龙南路和向阳路交汇处内涝积水点最大积水深度增大到 1.86m，龙马大道三段路南侧内涝积水点最大积水深度增大到 1.42m；天府路内涝积水点最大积水深度增大到 3.39m。

9.4 泸州市建成区内涝风险区划定

城市作为人口、经济财产、公共设施密集区域，一旦遭受内涝灾害袭击，造成的人员伤亡及经济损失将特别惨重。对于城市而言，若能在内涝灾害发生前就明确可能出现积水淹没的区域以及积水淹没的深度，势必能够为更有效地制定正确的防灾措施提供科学的依据，也能够提前绘制内涝风险图。因此，确定不同频率设计暴雨情形下可能产生的内涝灾害风险，对城市的内涝灾害风险进行评估，可以更好地保障城市的安全发展，保护人民的生命和财产安全，有效地应对暴雨袭击，提升城市的防涝能力，尽可能地减轻或消除内涝灾害。

9.4.1 内涝风险评估主要方法

城市内涝风险评估是城市内涝治理首要前提，如果能够准确地对城市内涝灾害进行评估，研究特定区域内涝形成过程及形成机理，则既可为洪涝灾害提供预警，也可为科学化决策管理提供科学依据。目前，用于城市内涝风险评估的方法主要有基于历史灾情数理统计的评估方法、基于指标体系的评估方法以及基于情景模拟的评估方法。

1. 历史灾情数理统计法

历史灾情数理统计法是一种基于数理统计的概率分析方法，需要对研究区域的内涝灾害发生次数、受灾面积、受灾人口、直接经济损失等数据进行统计分析，并建立研究区域的内涝灾害数据库。

在资料数据可获得的前提下，该方法最大的优点是计算过程清晰且计算比较简单，有助于快速评判。但对于泸州市建成区而言，并没有现成的内涝灾害数据库可用。由于记录不足或涉密等原因，研究区域内长序列的灾情资料非常不易获取，很难满足数理统计方法对大样本数据的要求。即便是有对历史灾情的记录，也多是基于水系流域等大尺度范围进行统计的，很难基于这些资料来反映一个城市内涝灾害的空间分布规律，也不一定能够准确反映事实上的风险。

历史灾情数理统计法对内涝灾害进行评估实质上是一种以经验规律为假定可靠依据来预

测未来可能真实发生的灾害风险的方法。然而灾害的发生往往是没有规律可言的，是致灾因子和成灾体系随机组合而成的不利后果。随着时间的推移，导致灾害发生的各种致灾因子和成灾体系本身是不断变化的，必然会导致灾害风险发生相应的动态变化。

基于数学方法的历史灾情数理统计法虽然能够克服人为主观性，但是数学方法的使用前提和应用领域不尽相同，因此使用何种方法更为科学是没有依据的，也是没有可比性的。虽然历史灾情数理统计法的劣势明显，但是对于缺少详细地理数据、管网资料等基础资料的区域，历史灾情数理统计法还是有其应用价值的。

2. 指标体系法

指标体系法是先创建一个合适的指标体系，再通过一些数学处理方法对初始指标进行处理，从而对某一研究区域的内涝灾害风险进行评估。指标体系法主要应用于大尺度方向，大尺度的风险评估只需大致了解研究区域的灾害分布情况，不必非常精准地确定风险高低或者风险大小。一旦应用于小尺度或者社区尺度，指标体系法的缺点就会暴露出来。

应用该方法进行洪涝灾害风险评估，以致灾因子、孕灾环境和承灾体的综合函数为理论基础，重点在于指标的选取以及权重的分配。在对相对缺失排水资料的城市中尺度以上区域进行宏观分析时，指标体系法计算简单，可较好地反映各风险要素之间的因果关系，其优势可得到很好的发挥。

应用指标体系法不可避免地需要在指标的代表性和数据的可获得性之间进行取舍。仅在已获得数据资料中进行选择，非常容易漏选代表性指标而导致选定指标的代表性不强，从而影响评估结果的准确度。

指标体系法对于指标体系的选择往往依赖于研究者的经验，并没有通用的规律性方法来对指标体系进行选择，而研究者在对评估灾害风险的指标体系进行选择时，有可能出现"以点代面"的现象，使得选择的指标体系不能十分全面地反映灾害风险的空间分布规律。

指标体系法对于指标权重的分配也存在较大的主观性，对于指标的分配方法一直是该方法应用的一个瓶颈。指标体系法虽然本身具有一些局限性，但是随着新技术的出现，可借助先进的辅助工具，加上对灾害系统各要素之间相互关系研究的不断深入，指标体系法的准确性得以大大提高，使得其成为灾害风险评估不可替代的重要方法之一。

3. 情景模拟法

历史灾情数理统计法和指标体系法在对灾害风险进行评估时，难免会由于方法自身以及评估过程的局限性，无法准确真实地再现内涝灾害的形成过程，也无法直观体现内涝灾害的时空分布规律。基于防灾减灾需要，情景模拟法开始广泛地被使用。

情景模拟法主要依托各类城市排水模型，通过数值模拟形式，在基础资料精度较好的前提下，可真实地模拟城市暴雨的产汇流过程及通过排水管网系统将雨水汇至河道或海洋等受纳水体的过程，此外还能比较真实准确地反映局部区域产生内涝积水的全过程。

情景模拟法是对特定致灾因子与承载体系相组合的灾害情景的模拟，可实现对风险的动态评估。Kaplan & Garrick 于 1981 年提出的模型是情景模拟法最具代表性的一个模型，该模型以灾害情景、概率、损失的一个函数来描述风险，函数为：

$$R = \{S(e_i), P(e_i), L(e_i)\}_{i \in N} \tag{9-7}$$

式中，R 为灾害风险；$S(e_i)$ 为灾害情景；$P(e_i)$ 为概率；$L(e_i)$ 为灾害损失。

式中的灾害情景 $S(e_i)$ 是指致灾因子的形成过程以及强度，包含了许多影响致灾因子的因素。概率 $P(e_i)$ 是指致灾因子发生的概率，致灾因子发生的概率越大，造成的损失也就越大。

情景模拟法的关键在于探索研究灾害发生情景，也就是灾害的形成形式，然后在此基础上进一步确定灾害造成的影响范围、损失等。目前，对于情景模拟法的研究多集中于对致灾因子强度的表征，随着对内涝灾害的概念和研究方法的不断探索，结合承灾体来综合研究内涝灾害的前景十分广阔。

对于研究区域而言，如果有比较完整的基础资料，包括管网、河道水系、下垫面情况等，结合较为成熟的水动力学模型及水文模型，使用情景模拟法研究某一区域的内涝灾害，可以比较直观地反映内涝成因，且模拟精度较高，并且还能通过动态模拟的方法预测未来态势以及提供预警预报。但是该方法对于研究区域地形、管网、河流水系、下垫面等基础资料的精度要求较高，对于计算机等硬件系统也有一定的要求，而且还需要具备水文学、水动力学、城市排水、地理学、风险评估等诸多专业知识。

9.4.2　内涝风险评估方式

本章采用情景模拟法对泸州市研究区域的内涝风险进行评估，基于 InfoWorks ICM 的一维-二维耦合模型，针对不同频率设计暴雨强度造成的研究区域内涝灾害情形，采用综合考虑积水深度、积水历时及积水范围的方法来对研究区域内的内涝风险进行评估。

1. 基于积水深度

综合考虑研究区域的各种情况，基于对积水深度这一指标的考虑，设置 3 个积水阈值，分别为 0.15m，0.30m，0.50m。一般认为如果研究区域中局部区域积水深度没有超过 0.15m，则该区域不构成内涝灾害风险；当积水深度超过 0.15m 而未超过 0.30m 时，该积水区域为内涝低风险区；当积水深度超过 0.30m 而未超过 0.50m 时，该积水区域为内涝中风险区；当积水深度超过 0.50m 时，该积水区域为内涝高风险区。仅考虑积水深度的内涝风险等级划分标准见表 9-8。

表 9-8　仅考虑积水深度的内涝风险等级划分标准表

内涝风险等级	内涝低风险区	内涝中风险区	内涝高风险区
积水深度 h/m	$0.15 \leqslant h < 0.30$	$0.30 \leqslant h < 0.50$	$h \geqslant 0.50$

2. 基于积水深度和积水历时

然而，并不仅仅只有积水深度这一指标可用来作为城市内涝风险评估的依据，相反，如果只考虑积水深度来进行城市内涝风险评估，显得不是十分科学。在考虑积水深度这一指标的同时，如果再引入积水历时这一评价指标，可以更加客观有效地对研究区域的内涝风险做出科学合理的评估。

在考虑积水深度指标的前提下再引入积水历时这一指标，综合考虑积水历时和积水深度两个指标对研究区的内涝风险进行评估。由于设计暴雨的降雨历时为 2h，模型计算运行时间通常设为 4h，所以对于积水历时这一指标，同样设置 3 个阈值，分别为 15min，30min，60min。结合设置的 3 个积水时间阈值与之前设置的 3 个积水深度阈值，将高、中、低三种风险区进一步划分。对于内涝低风险区，认为虽然积水深度达到了 0.15m 的积水深度阈值，但是如果积水历时未达到 15min 时间阈值的区域将不被判别为内涝风险区域。具体划分标准见表 9-9。

表 9-9 综合考虑积水深度及积水历时的内涝风险等级划分标准

内涝风险等级		积水深度 h/m	积水历时 t/min
内涝低风险区	1级	$0.15 \leqslant h < 0.30$	$15 \leqslant t < 30$
	2级		$30 \leqslant t < 60$
	3级		$t \geqslant 60$
内涝中风险区	1级	$0.30 \leqslant h < 0.50$	$15 \leqslant t < 30$
	2级		$30 \leqslant t < 60$
	3级		$t \geqslant 60$
内涝高风险区	1级	$h \geqslant 0.50$	$15 \leqslant t < 30$
	2级		$30 \leqslant t < 60$
	3级		$t \geqslant 60$

9.4.3 内涝风险评估与风险区划定

在 InfoWorks ICM 中，为方便统计网格的总积水历时，可根据需要设置相应的积水深度阈值。由于选取的积水深度阈值分别为 0.15m，0.30m 和 0.50m，故而在 InfoWorks ICM 中分别设置积水深度阈值 0.15m，0.30m 及 0.50m。

1. 研究区域内涝风险评估结果

结合选定的积水深度阈值及积水历时阈值，对 2 年一遇、5 年一遇、30 年一遇和 100 年一遇四种不同频率设计暴雨情景下造成的内涝风险进行评估，结果见表 9-10。并对四种不同频率的暴雨情景下高、中、低 3 种风险区的范围做出统计，结果见表 9-11。

表 9-10 各频率下泸州市建成区内涝风险评估表

设计频率	内涝风险等级								
	低风险区（面积：hm^2）			中风险区（面积：hm^2）			高风险区（面积：hm^2）		
	1级	2级	3级	1级	2级	3级	1级	2级	3级
2 年一遇	0.20	1.61	73.58	0.07	0.35	50.10	0.00	0.13	117.50
5 年一遇	0.06	2.00	103.37	0.20	0.56	77.58	0.00	0.19	183.15
30 年一遇	0.29	3.10	166.02	0.27	1.24	123.23	0.08	0.71	343.29
100 年一遇	1.10	4.00	211.20	0.42	1.79	161.70	0.30	0.96	459.63

表 9-11 各频率下泸州市建成区风险范围统计表

设计频率	低风险区总范围（面积：hm^2）	中风险区总范围（面积：hm^2）	高风险区总范围（面积：hm^2）	内涝区总范围（面积：hm^2）
2 年一遇	75.39	50.52	117.64	243.55
5 年一遇	105.42	78.34	183.34	367.10
30 年一遇	169.40	124.74	344.08	638.22
100 年一遇	216.30	`163.91	460.90	841.11

对表 9-10 和表 9-11 进行研究分析，不难发现，随着设计暴雨频率增加，各等级内涝风险区范围均呈现出扩大态势。且高、中、低三种内涝风险类型的区域中 3 级内涝风险区的积水范围远大于 1 级、2 级内涝风险区域的积水范围，表明研究区域易涝区域一旦出现内涝灾害，区

域的积水历时较长，无法依靠时间的推后、管道排水能力的恢复而使地表积水再次进入管道排出。各频率设计暴雨下高、中、低三种风险区域中1、2、3级内涝风险区的比例见表9-12。

表 9-12 各频率设计暴雨下各等级内涝风险区占该类内涝风险区比例表

设计频率	内涝低风险区比例/%			内涝中风险区比例/%			内涝高风险区比例/%		
	1级	2级	3级	1级	2级	3级	1级	2级	3级
2年一遇	0.16	2.95	96.89	0.07	0.95	98.98	0	0.23	99.77
5年一遇	0.25	1.70	98.05	0.11	0.91	98.98	0.13	0.20	99.67
30年一遇	0.25	1.84	97.92	0.13	0.80	99.08	0.12	0.30	99.58
100年一遇	0.18	2.85	96.98	0.08	1.42	98.51	0.24	0.21	99.55

总体来说，随着设计暴雨频率增加，泸州市建成区的内涝范围呈现出扩大趋势；且高、中、低三类内涝风险区的范围随着设计暴雨频率增加，高内涝风险区占内涝总区域的比例总体上呈现出升高的趋势，而低、中两类内涝风险区域所占比例有所降低。

2. 研究区域内涝风险区划图

设置了阈值的研究区域模型二维计算结果，可直观地反映研究区域在各种频率设计暴雨情形下，可能出现的内涝积水范围以及积水深度。结合风险等级划分，可绘制内涝风险区划图。因此，在2年一遇、5年一遇、30年一遇和100年一遇四种不同频率的设计暴雨情景下，研究区域的内涝风险区划图如图9-19所示。

在雨水管道设计标准2年一遇重现期情景下，泸州市建成区主要内涝高风险区域为二环路西侧的七一水库附近，酒业园区小学周边以及沿长江的东升桥社区。在内涝防治标准30年一遇重现期情况下，泸州市建成区内涝高风险区明显增加，除原有高内涝风险区外，泸州云龙机场、安宁大道三段、海吉星路南侧、福星路两侧、高石坎处蜀泸大道、泸州站周围、金带路和摇翔路交汇处、云跃街和玉带路二段交汇处、龙马大道三段与一环路交汇处、龙南路和向阳路交汇处、汇金路、华阳中路和龙翔西路交汇处、天府路、蓝安大道两侧、安富大桥与酒谷大道五段交汇处等位置均出现积水。当出现100年一遇极端强降雨时，泸州市建成区积水点位基本不再发生显著变化，但积水范围进一步扩大。

(a) 2年一遇

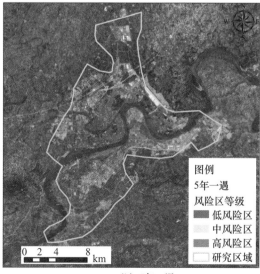

(b) 5年一遇

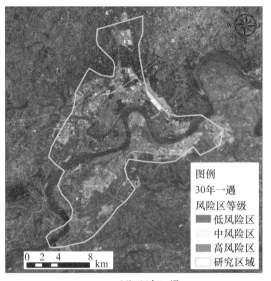

(d) 30年一遇

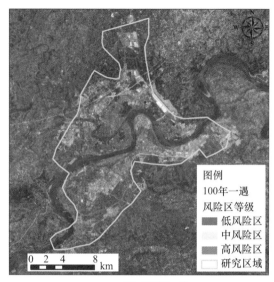

(d) 100年一遇

图 9-19　泸州市中心城区不同频率设计暴雨下内涝风险区划图

（卫星底图来源：国家地理信息公共服务平台"天地图"；网址：www. tianditu. gov. cn）

10 泸州市内涝风险图编制和内涝风险识别关键参数

城市内涝风险图编制是城市内涝治理的重要基础工作。本章首先对国内外内涝风险图编制进行综述,提出适合西南丘陵地区城市的内涝风险图核心组成和编制流程,基于自然灾害系统理论并结合城市内涝灾害特点,综合考虑内涝灾害风险的危险性、暴露性和脆弱性等因素,结合泸州市建成区一维、二维耦合模型结果,绘制了一套泸州市内涝风险图,包括基本内涝风险图和专题内涝风险图,可为泸州市内涝灾害风险管理提供技术支撑。

10.1 城市内涝风险图编制现状和展望

10.1.1 国内外洪涝风险图编制概况

1. 国外洪水风险图编制概况

在许多欧美国家,尽管也按照洪涝成因区分流域洪水(watershed flooding)和城市内涝〔洪积洪水(pluvial flooding)或地表径流洪水(surface water flood)〕,但并不严格区分流域洪水风险和城市内涝风险,通常认为城市内涝是城市洪水的组成部分或一种具体形式,特指城市区域内由于强降雨而超过城市排水系统能力的过量径流。这些国家针对洪涝风险评估的研究,大多聚焦在河流洪水(fluvial flooding)和沿海洪水(coastal flooding)上,仅针对城市内涝的研究相对较少。鉴于这种城市区域内洪涝问题和衔接关系,国际上更多针对广义洪水风险图开展研究,逐步形成并完善了洪水风险图技术方法体系。但值得注意的是,相对成熟的国外洪水风险图编制相关标准或技术文件中,重点针对城市内涝的技术要求和具体内容相对较少,也并未清晰给出特指城市内涝风险评估的核心问题和关键步骤,进而导致在许多城市编制本地洪水风险图时,对城市内涝相关内容采用的技术指标和评估结果展示手段不同。当然,由于将城市内涝作为城市洪涝的一种具体形式这种理解,内涝风险图编制也参考洪水风险图编制思路和技术要求。

暂不论内涝风险图与洪水风险图的区别和联系,洪涝风险图编制的责任主体是首先需要明确的。以美国为例,洪水风险图由联邦紧急事务管理署(FEMA)统一负责,由 FEMA 制定洪水风险图编制的具体内容和技术指标参数要求,并由 FEMA 通过网站等多种媒体渠道发布洪水风险图及其他评估结果,州郡县等地方政府统一按照联邦政府的规范要求负责具体落实。对于地处亚洲的日本而言,其国土交通省牵头负责流域尺度洪水风险图编制,但并没有类似 FEMA 的管理机构和实施模式,小于流域尺度的洪水风险图编制和发布实施多由地方政府部门负责。英国情况与美国有类似之处,由英国环保署及地方洪水主管机构共同负责洪水风险图编制工作,且洪水风险图发布渠道也更为丰富,除在互联网上共享和公开洪水风险图外,也提供洪水风险图查询系统。在不少欧美国家洪水风险图多渠道发布基本是普遍做法。类似美国由专门机构 FEMA 负责与管理,更有利于洪水风险图编制工作的标准化和规范化实施与落实，风险评估成果等多渠道、多媒体发布也必然会为公众参与和受益提供良好的平台。

虽然美国、日本等国家对洪水风险多从流域尺度进行分析，并未明确要求对城市内涝进行专门风险图编制，但英国出于对城市内涝积水问题的重视，在流域洪水风险评估管控基础上，特别强调了城市内涝地表径流洪水地图（surface water flood map）编制的具体要求，在英国《洪水风险条例》（*The Flood Risk Regulations*）中明确定义了地表径流洪水地图概念，并对这一风险图更新给出了具体要求，也建立了城市内涝积水范围、深度、流速及危险等级标准体系。无论针对城市内涝风险图专门要求，还是将城市内涝风险图作为流域尺度下洪水风险图的一部分，许多国家的城市区域洪涝风险评估指标体系和具体指标值要求，同样都可为我国城市内涝风险图编制提供一些有益参考。

洪水风险图是风险评估最终成果的表现形式，但由于侧重点不同，最终表达形式也存在显著差异。美国在实践中侧重风险评估结果与洪水保险挂钩，因此其洪水风险图重点体现洪水保险费率指向性，具体表达为洪水保险费率地图（Flood Insurance Rate Map，FIRM），其中标识了100年一遇和500年一遇洪水可能淹没的区域和风险等级，并提供保险费率计算方法，可为国家洪水保险计划（National Flood Insurance Program，NFIP）实施提供有力支撑。日本洪水风险图则是以居民的转移避险为主要目标，除积水范围、水深以及人口、房屋、资产等损失评价结果等基本信息外，特意强化了公众获取洪水信息渠道，以及公众避难场所、避难路径、避难空间分布信息和主要管理机构紧急联系信息。英国地表径流洪水地图在实施中具体分为洪水灾害程度地图信息（flood hazard maps，主要显示洪水范围、深度和流速等洪水特征）和洪水风险地图（flood risk maps，主要表达因洪致灾的不利影响）。英国政府也专门发布《地方洪水主管机构内涝洪水风险图编制导则》（*Guidance on Surface Water Flood Mapping for Lead Local Flood Authorities*，2012），其中具体规定了地表径流洪水地图应至少包含的核心内容和具体指标要求。相关国家在城市内涝风险图表达形式中的有益做法也可为我国城市内涝风险图的研究和实践提供参考。

2. 我国城市内涝风险图现状

尽管目前我国尚无城市内涝风险图的统一规范标准，但洪水风险图领域丰富的研究和实践可提供一些参考和借鉴。在现行行业标准《洪水风险图编制导则》（SL 483—2017）（以下简称《导则》）中，将洪水类型分为河道洪水（含溃坝洪水）、暴雨内涝和风暴潮，尽管城市内涝风险也纳入这一行业标准范畴，由于《导则》的重点在于河道洪水，尚未对城市内涝风险分析若干重要问题进行细致规定，并未全面界定城市内涝风险图编制显著不同于流域尺度河道洪水的独特之处，这就决定了仅通过该《导则》可能无法给予城市内涝风险图绘制切实和具体的指导。

在现行国家标准《室外排水设计标准》（GB 50014—2021）中给出了城市内涝的明确定义，即强降雨或连续性降雨超过城镇排水能力，导致城镇地面产生积水灾害的现象。从这一定义中可以清晰看出城市内涝风险和一般意义上洪水风险的明显差异。首先，两者在尺度上存在显著差异，相对于较大尺度的流域洪水风险，城市内涝更多聚焦于城市行政区划内，或重点在建成区范围内；其次，两者在精度上存在显著不同，相对于流域洪水风险分析中千米或百米级的地表特征精度，城市内涝风险分析中，因城市地表复杂特征，多数情况需要米级甚至亚米级精度数据支撑；再次，现代城市不仅局限于地表土地开发建设，而是"地上＋地下"空间开发建设同步推进，这就造就了城市内涝风险分析需要充分考虑城市地表径流行泄和地下空间复杂交互关系，诸如地铁口、地下停车场入口等都是地上地下空间"径流交互"的重要耦合点，从而相对于以单一地表产流、漫流为主的流域洪水分析，城市内涝分析具有更高复杂性；最后，城市排水系统是一个多子系统耦合的复杂系统，源头减排、排水管渠、超标径流行泄系统间协同作用本已十分复杂，再叠加上河道湖泊等受纳水体的顶托、半淹没等特殊情况，必将进一步增加城市排水系统的复杂性和不确定性。上述四点差异可能不够全面，但已足以看出城市内涝风险分析的特殊性和其中面临的极大挑战。

尽管内涝风险评估具有高度复杂性和不确定性，实现精准的风险评估必然面临更高挑战，但近年来我国城市内涝风险评估探索了一些可行的方法，诸如历史灾情数理统计法、指标体系法和情景模拟法等。①历史灾情数理统计法通常对水文、历史实测基础数据要求较高，但城市内涝风险分析可用实测数据储备相对有限，相应限制了该方法在内涝风险分析中的应用。②指标体系法多是根据内涝灾害特点建立内涝风险评估指标体系，但在表达内涝风险的指标值及其权重等的确定指标时，通常具有不同程度的主观性。该方法通常从致灾因子、孕灾环境和承灾体特征入手确定具体评价指标，在数据需求、评价全面性等方面具有一定优势，但该方法多未考虑地表产汇流动态过程，以及城市排水管渠实际排水能力及与地表排水的交互作用，其结果在表达上尽管实现了量化，但仍无法有效反映内涝风险的空间分布特征。③情景模拟法通常基于城市排水模型进行模拟分析，可较为真实地反映不同降雨情景下城市产汇流、排水管渠输送以及地表积水动态过程，可体现城市内涝灾害信息的空间分布特征，较好弥补了指标体系法的先天"缺陷"。有研究通过将两种方法有机结合，既较好地实现了内涝风险指标量化，也更为直观地表达了考虑多种自然因素和社会因素的内涝风险空间分布特征，为内涝风险准确识别和全面评估提供了可行途径。

我国城市内涝风险评估尚处于研究探索阶段，内涝风险图实践应用也尚处于起步阶段。2013 年 9 月 30 日，湖北省人民政府发布了武汉市第一部城区内涝风险图，以较为直观的方式标识了武汉市城区主要风险点（线）及其风险等级。2022 年 7 月 7 日，北京市水务局发布了该市首份城市积水内涝风险地图，该图以积水深度为内涝风险指标，给出了主城区历史积水内涝点分布、下凹式立交桥分布和积水内涝风险分布情况，在图示基础上，并附内涝点和风险点详细信息表，便于管理部门决策和公众了解。客观来说，目前部分城市发布了城市内涝风险图，确实是这一领域的重要突破和关键进展，但就已发布的城市内涝风险图来说，多以积水深度单一指标表达内涝风险及程度，从指标设置上还有待完善之处。此外，目前的内涝风险仍以表达内涝积水程度和风险的空间分布为主，内涝风险图成果表达在全面性方面也尚待丰富。再有，目前内涝多从致灾因子程度入手，缺乏内涝危险性多尺度特点、城市承灾体多样性和承灾体脆弱性差异等因素的综合考量，同样未充分考虑城市防涝能力等因素。我国目前开展内涝风险图编制并发布的城市尚为少数，相对于我国六百余个城市的总量而言，未来几年或更长时间内，内涝风险评估和风险图编制工作还有大量工作亟须开展，当然也给我们提供了进一步提升和完善的空间。在此背景下，充分基于现有研究和实践基础与经验积累，研究明确城市内涝风险图的核心组成，建立适用于不同条件的内涝风险评估方法体系，进而规范我国城市内涝风险图编制工作，将是有效推进我国城市内涝风险治理的必由之路。

10.1.2　我国城市内涝风险图核心组成

相较于流域尺度洪涝问题，城市内涝因受更多因素影响，其成因具有更高复杂性和不确定性，其中气候变化背景下降雨条件多变性和城市化背景下错综复杂的下垫面条件是城市内涝形成的主要驱动因素。结合自然灾害风险的定义，内涝风险主要可从致灾因子危险性、孕灾环境暴露性以及承灾体脆弱性三方面进行分析。首先，降雨是最重要的内涝致灾因子，其时空分布特征直接影响了内涝发生强度、位置和演进特征，气候变化背景下极端降雨出现频次和强度增加更加剧了这一影响，降雨造成的积水范围、积水深度、积水历时等内涝灾害可量化特征可直观反映内涝本身的危险程度。其次，暴露在致灾因子影响下的自然环境是内涝发生的间接影响因素，是内涝形成的孕灾环境。在城市较小尺度范围内，尤其是建成区范围，城市原有下垫面类型因城市建设发生显著改变，改变了城市原有自然排水、蓄水能力，已有研究表明土地利用变化是导致内涝风险和影响其程度的关键因素之一。其中，对于地势起伏较大的山地城市和丘陵地区城市，高纵坡道路将成为雨水行泄的重要通道，而因地形起伏形成的低洼区则极有可能成为内涝积水重灾区。再次，与流域洪涝不同，城市排水系统是内涝形成的决定性因素之一。当然，特定城市管网系统、内涝防治系统设计标准和现状实际排水能力的差异，决定了城市排水系统对内涝形成和风险的实际影响程度。最后，承灾体对内涝的承载能力体现为承灾体脆弱性，为明确内涝究竟造成怎样的后果和损失以及风险是否超出城市承受能力，承灾体脆弱性是必须分析的关键问题，也是为后续制定防灾减灾对策提供科学依据的前提。基于城市内涝形成与演进、致灾和风险等方面的实际特征，以及我国洪涝风险图研究和实践经验，并结合国内外内涝风险研究，本书提出了城市内涝风险图的核心组成（图10-1）。

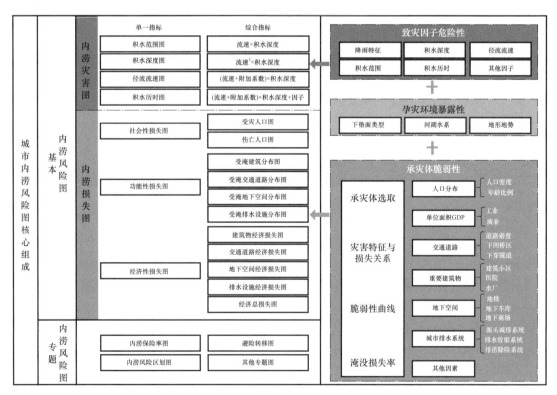

图 10-1　城市内涝风险图的核心组成

基于风险三要素分析，可将城市内涝灾害特征以及内涝造成的损失绘制成图，形成清晰表达内涝风险程度的空间分布图，这类风险图可理解为"基本内涝风险图"，其中又可细分为内涝灾害图和内涝损失图，然而仅有表达内涝风险程度的要素信息显然不够，还应根据应用场景和行业需求，绘制包含避险路线、避难场所、相关机构联络电话等信息的避险转移图，以及可用于保险业计算保险费率的保险率图和可用于城市规划管理的风险区划图等。这类特定行业应用的内涝风险图可作为"专题内涝风险图"。内涝风险图划分为基本内涝风险图和专题内涝风险图，既符合现行《导则》的要求，又与英国地表径流洪水地图分类方法等国际惯例保持一致，可有效避免内涵和理解上差异造成不必要的混乱。当然，因流域洪涝与城市内涝在形成和演进机理和致灾机制上的差异，基本内涝风险图还应根据内涝特征进行更为细致的划分。

致灾因子危险性和灾害指标选择是城市内涝风险图编制的核心问题之一。按照国内外洪涝风险分析经验，积水范围、积水深度、积水时间和径流流速是最直观的洪涝风险典型危险性指标。现行《导则》中也将这四者作为洪水风险主要要素，还包含体现洪水特征的前锋到达时间等其他特征要素，但其并非城市内涝风险的主要要素。综合考虑内涝风险评估研究和实践经验，城市内涝风险图致灾因子危险性和灾害指标应至少包含积水范围、积水深度、径流流速和积水时间四项单一指标。此外值得注意的是，单一指标的选用可在一定程度上反映内涝积水危害的某一特征，但考虑城市内涝演进和致灾机制，仅用一种特征因子可能难以全面反映内涝灾害危险程度，包含多种指标的综合指标为解决这一问题提供了可能。美国FE-MA采用洪水深度和洪水速度的综合作用表达洪水的严重程度，英国环保署和HR Wallingford公司也采用包含洪水淹没深度和流速的函数表达洪水灾害程度。近年来，对于表达洪涝风险的综合性指标的研究已经开展一些有益探索，包括流速×积水深度、流速^2×积水深度、（流速＋n）×积水深度等，其中n为附加系数，通常取值为0.5或1.5不等，也有研究在此基础上叠加表达径流挟沙能力的泥沙因子。当然，不同形式的综合性指标的适用性和表征危险程度的准确性等还需深入研究和分析。

危险性指标表达致灾因子的危险程度，也在一定程度上间接反映了孕灾环境的特点，但从内涝风险评估角度看，更为关注的是人口、建筑物及基础设施等承载体在内涝事件中可能遭受的损失情况，也就是内涝造成的损失图。流域洪水风险评估通常聚焦于流域范围内因洪水而导致的人口及经济损失，并不过多聚焦城市范围内在地上/地下结构等复杂因素影响下产生的潜在风险。对于城市内涝风险分析，更应重视城市的交通设施、医疗设施、生活设施等生命线系统因内涝可能造成的直接功能性损失和经济损失。结合城市内涝致灾特征，其可能造成的主要损失类型应至少包括社会性损失图、功能性损失图和经济性损失图。无论是哪种类型的损失图，损失的科学准确量化是保证损失图准确性的关键。可通过表达致灾因子强度和承灾体脆弱性的定量关系的脆弱性曲线实现各种类型损失的定量化评价。脆弱性曲线研究和实践中通常选取积水深度、积水历时和径流流速等致灾因子指标，目前内涝风险评估也呈现出采用综合指标的趋势和显著倾向，这与内涝风险图中单一指标和综合指标选择具有一致性。

我国不同地区城市本底条件和气候条件差异显著，其内涝成因和风险也就具有显著不同的特征，进一步提高了我国城市内涝风险图编制工作的复杂性。尽管《城镇内涝防治技术规范》（GB 51222—2017）和《治涝标准》（SL 723—2016）对城市内涝的概念和定义给出明确规定，但我国城市内涝风险评估指标及内涝风险等级划分尚无统一规定，在城市内涝风险图编制工作中，各城市应以城市自然和社会等本底特征以及当地城市排水系统问题为导向，合理确定适合当地条件的内涝风险评估指标，慎重选择承灾体脆弱性评估指标，增强当地城市内涝风险图编制的针对性、实用性和可操作性。

10.1.3　我国城市内涝风险图编制思路

在明确城市内涝风险图核心组成的基础上，明晰和规范城市内涝风险图的编制思路是保证内涝风险图编制成果可靠性的重要环节。相较于流域洪水风险图，由于城市尺度更小，且城市居民、建/构筑物等承灾体对内涝积水影响更为敏感，城市内涝风险图编制也相应具有更高复杂性。结合国内外前期研究和实践经验，城市内涝风险图应采用指标体系法和情景模拟法相结合的方法，以实现对城市内涝风险更为准确的全面评估。具体而言，应按照"资料收集与评估准备—模型构建与风险评估—体系构建与系统分析—成果表达与图纸绘制—应用途径与公开公布"的总体思路进行编制（图 10-2）。

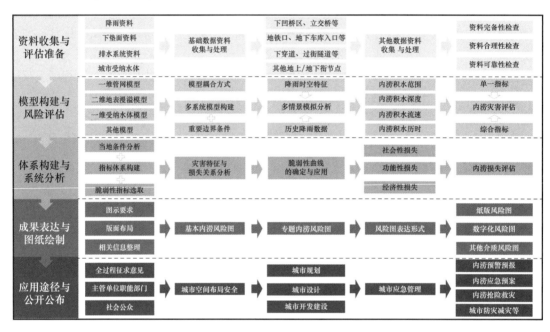

图 10-2　城市内涝风险图编制流程

1. 资料收集与评估准备

城镇化发展通常不仅是地上建筑等下垫面条件的改变，而是地上/地下两条线同步快速推进，同时具有更多地上地下空间的交互通道。立交桥、下凹桥区等交通枢纽和重要交通节点增加，地铁口、地下车库入口、过街隧道等地上/地下空间交互节点涌现，以及由于城市景观设计需要，城市各类微地形设计、复杂竖向条件也成为常态，再加上城市地下排水管网与地表径流汇流和行泄过程中的交互作用，城市区域内地表径流产汇流过程必将更为复杂，同时也对城市内涝风险评估模型的资料数据体量和质量提出了更高的要求。除城市复杂下垫面条件、排水管网信息和上述具有城市特殊性的关键节点资料外，城市降雨资料也是需要收集的重要基础资料，极大影响内涝风险评估的准确性。与流域尺度风险分析大多采用面雨量不同，城市排水系统大多以点雨量进行设计，准确而言是在汇水区域范围内（通常 $2km^2$）多采用点雨量，但忽略降雨的空间部分差异必然会对城市内涝风险评估结果造成显著影响，尤其是在城市区域内由于下垫面条件影响形成雨岛效应、局地微气候等条件下，充分考虑降雨空间分布特征的降雨资料必然有助于更精准地进行内涝风险识别。此外，对于特定条件下的内涝分析，还需要 30 年或更长时间历史降雨数据的支撑，相应地也增加了降雨资料收集工作的难度。此外，为保证后期内涝损失的量化分析和评估，现今和历史社会经济资料也是城市内涝风险图编制的重要支撑材料。还应注意的是，资料的可靠性、完备性和合理性检查是所有资料收集后的关键步骤，也是后续风险评估可靠性的重要保证。

2. 模型构建与风险评估

数学模型在城市排水系统设计中已成为普遍采用的重要工具，《室外排水设计标准》（GB 50014—2021）对数学模型的应用进行了明确的规定，数学模型在城市内涝风险评估和风险图编制工作中也是贯穿全过程的重要支撑工具。在流域尺度洪水风险模拟分析中，通常只采用二维水动力学模型来分析地表洪水形成与演进过程，以及洪水淹没致灾特征。但对于城市而言，由于城市源头减排、排水管渠和排涝除险三套排水系统存在，以及前述城市地上/地下空间交互通道和重要节点等的特殊性，其模型构建和分析必然面临更高的要求。通过对包括城市排水管渠在内的排水系统进行合理概化，采用一维排水管网与二维地表漫溢耦合模型，特殊情况下再实现一维受纳水体模型耦合，科学合理确定各子模型的耦合方式和相关边界条件，可相对合理地实现对城市内涝风险的准确识别和评估。值得庆幸的是，目前业内已有模型软件可部分或全部实现上述功能要求，但值得注意的是，在模型耦合方式和参数确定、具有空间分布的降雨数据输入、地上/地下交互和关键节点的概化方式等方面，尚需开展深入研究。

3. 体系构建与系统分析

模型模拟分析是内涝风险评估的基础工作，但其分析成果仅限于对内涝灾害危险性的量化，尚需要进行风险评估指标体系构建和系统分析，通过脆弱性曲线等方式，将内涝危险性和可能造成的潜在损失建立联系。基于对当地自然地理条件和社会经济条件的分析，结合区域内承灾体脆弱性指标，可实现对内涝造成潜在社会性、功能性和经济性损失风险的有效评估。

4. 成果表达与图纸绘制

城市内涝风险图应至少包括基本内涝风险图和专题内涝风险图，其中基本内涝风险图是一套直观反映内涝危险性和承灾体脆弱性的风险要素空间分布的图集，也是专题内涝风险图的基础。基于地理信息系统（GIS）可极大提高风险图绘制效率，丰富风险表达方式，可清晰、详尽地表达城市内涝风险信息。根据特殊应用需求和场景绘制的专题内涝风险图，应根据应用需求图示相关信息的空间分布情况，如避险转移图中应图示避难场所、避难路径、责任机构联络信息和避难注意事项等。城市内涝风险图的最终成果应包括纸质、数字化等多种介质形式，便于记录保存、开放共享和后续实际应用。

5. 应用途径与公开公布

城市内涝风险图编制的目的不是"束之高阁"，重要的是风险图的实际应用，真正为社会生产生活服务。基本内涝风险图将是城市规划、城市设计、城市开发建设的重要参考依据，是加强城市空间布局安全的重要支撑，更是城市内涝预警预报、防灾减灾、应急预案等应急管理工作向风险管理思路转变的重要指引和参考工具。此外，城市内涝风险图应采用多种方式向公众及时公开公布，向主管和相关单位部门、社会公众征求宝贵意见和建议，更可为城市运行各部门以及社会公众提供积水内涝风险防御参考依据，辅助市民汛期安全出行，促进公众参与，共同有效推进城市内涝治理研究和实践工作。

10.2 西南丘陵地区城市内涝风险图编制方法

10.2.1 西南丘陵地区地理特征分析

1. 地形特征

西南地区包括四川、云南、贵州、重庆、广西西部地区和西藏东部地区，地质构造复杂，自然条件较恶劣，包含平原、丘陵、山地和喀斯特地貌等多种地形地貌类型，对土地利用的影响很大。

西南地区以丘陵和山地为主，平原面积小。丘陵海拔一般在200～500m，相对高度一般不超过200m，是由连绵不断的低矮山丘组成的地形，地面起伏较大，平坦地面较少而坡地较多，丘坡坡度陡缓不一，且该地区温湿多雨，丘顶、丘坡受流水冲刷，极易形成水土流失。在土地利用上，丘顶、丘坡往往为土层较薄的坡耕地；山丘之间的沟谷、洼地往往为土层较厚的冲田、坑田等。山地由山岭和山谷组合而成，其海拔高度和相对高差均较大，山坡陡长，山间谷地一般比较狭窄，但在山间盆地、宽谷或流经山区的河流两岸，常常形成面积大小不一的河谷平原，地面较为平坦。此外，西南喀斯特地区的土地利用特点是石漠化严重，乱石缝地多；地形复杂，坡耕地较多；水资源时空分布不均，地表水渗漏严重。西南平坝、河谷区地形相对较平坦，水流缓慢，往往导致排水困难，在强降雨下可能形成洪涝灾害。

由于西南丘陵地区大多属于经济落后欠发达地区，没有足够的资金投入水利基础设施的建设，再加上该地区地形复杂，起伏不定，使得沟渠布设困难，输水不畅，易导致"洪时溃涝，旱时干涸"的问题。西南喀斯特地区（包括贵州、广西、云南3省/自治区）以峰林、洼地为代表，由于喀斯特地貌发育，裸露石山占土地总面积的40%以上，该区石芽、溶沟、裂隙、溶斗、落水洞较多，地表水大部分渗漏于地下，地表储水困难，属于典型的资源缺乏、环境脆弱、经济落后地区。因此，需要在落水洞等天然排水处建造排水系统，以减轻暴雨危害。

2. 降雨特征

西南地区小雨日数最多，占总降雨日数的75%，其次为中雨，而大到暴雨降雨量占全年总降雨量的50%以上。青藏高原以东的西南地区境内分布着众多河流，因受季风环流和复杂地理环境的影响，常发生局部强降雨，是中国降雨局部区域差异最大、变化最复杂的地区之一。

西南地区年降雨量整体呈东多西少的分布形态，重庆大部、四川盆地、贵州大部及云南南部地区都是多雨区，中心位于青藏高原东部川西高原边坡的四川盆地西部雅安附近和高黎贡山、无量山及哀牢山以南的滇南地区，年降雨量在1600mm以上，次中心位于黔西南地区和武陵山西段南侧的黔东北地区，年降雨量在1300mm以上。川西高原地区是整个西南地区的少雨区，年降雨量不足800mm。分季节来看，西南地区春季降雨量整体偏少，但重庆大部及贵州中东部降雨量相对较大，达到300mm以上，四川雅安地区春季降雨量也在250mm以上，云南大部和川西高原地区的春季降雨量都相对较少，不足150mm。夏季是一年中降雨相对较多的季节，其降雨中心在四川盆地雅安地区，降雨量在900mm以上，除川西高原地区夏季降雨量在400mm以内，其他大部分地区降雨量都在 500mm 以上。秋季，降雨量大值区同样是在四川雅安地区和滇南地区，降雨量在 350mm 以上，川西高原仍为降雨的低值区，不足 150mm。相对于其他三季而言，冬季降雨量最少。西南地区东部降雨量基本保持 60mm，特别是在西南地区西部，降雨量一般不足 20mm。

需要强调的是，西南地区的降雨与该区域多尺度复杂地形密切相关，是不同地形与环流相互作用的结果。其中，青藏高原东部川西高原与四川盆地过渡边坡地区、云南西南部高黎贡山到哀牢山山系、贵州乌蒙山区和武陵山区等是降雨量和降雨强度的大值区，降雨日数也与西南地形密切相关，但与降雨量有一定差异，这可能和地形与环流相互作用的强度及方式有关。

10.2.2　西南丘陵地区城市内涝风险图编制流程

在明确城市内涝风险图核心组成和编制流程的基础上，结合西南丘陵地区城市的降雨、地形地势和内涝灾害等重要特征，西南丘陵地区城市内涝风险图应采用指标体系法和情景模拟法相结合的方法，按照"资料收集与评估准备—模型构建与风险评估—体系构建与系统分析—成果表达与图纸绘制—应用途径与公开公布"的总体思路进行绘制，以实现对城市内涝风险更为准确的全面评估。西南丘陵地区城市内涝风险图编制流程如图 10-3 所示。

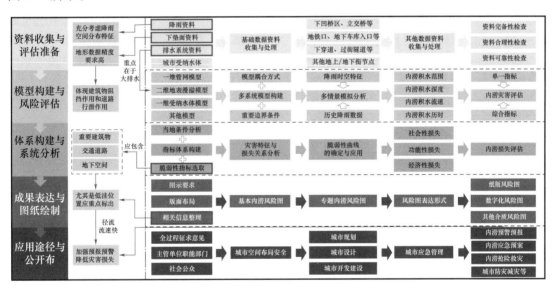

图 10-3　西南丘陵地区城市内涝风险图编制流程

基础资料收集是城市内涝风险图编制的前提，也是后续风险评估可靠性的重要保证。西南丘陵地区城市特殊的降雨特征和地形特征使得其对资料收集也有特殊的要求。西南丘陵地区地形变化幅度大，通常存在较多低洼区，其道路发挥着重要行泄作用，且建筑物对雨水径流过程的阻挡等作用更加明显，这就对资料收集提出了更高的要求。为了能更准确、精确地模拟西南丘陵地区真实的内涝演进过程，对地形数据的精度要求应能体现建筑物和道路的阻挡或传输作用。此外，西南丘陵地区降雨在时间尺度和空间尺度上的特征存在较大差异，但由于城市排水系统大多基于雨量站点数据进行设计，尽管部分城市分区进行暴雨强度公式的编制，但在较大汇水区域范围内仍无法真实地反映降雨时空分布特征，这必然会对城市内涝风险评估结果造成显著影响，因此，还需要充分考虑降雨空间分布特征，采用合理科学的方法计算城市面雨量。

数学模型是城市内涝风险评估的重要工具。为了综合考虑城市源头减排、排水管渠和排涝除险三套排水系统，以及城市地上/地下空间交互通道和重要节点等，通常采用一维排水管网与二维地表漫溢耦合模型，特殊情况下再实现一维受纳水体模型耦合，科学合理确定各子模型的耦合方式和相关边界条件，可相对合理地实现对城市内涝风险的准确识别和评估。而对于西南丘陵地区，由于其地形的特殊性，在重现期较大的降雨条件下，城市排水管渠系统对城市内涝的消纳能力有限，此时排涝除险系统发挥着重要作用，主要是利用具有较大坡度的道路的行泄作用，这与地形因素密切相关，因此在超出雨水管道设计标准的降雨情况下，直接采用二维地表水力模型，可快速直观地展示内涝积水情况，为排水防涝应急预案等提供有效参考。此外，对于面积较大的城市或区域，应根据实际情况按照不同尺度构建精度更高的模型，如排水分区尺度、社区尺度或街道尺度等，真实地反映不同区域的内涝演进过程，以便提出具有针对性的内涝治理方案。

10.3　泸州市内涝风险图编制样例

内涝风险图分为基本内涝风险图和专题内涝风险图。目前自然灾害风险评估与区划理论领域已有众多成果，本书在综合国内外研究成果的基础上，充分考虑城市内涝灾害系统与城市不同类型承灾体特征，并结合 GIS 技术，开展高精度、定量化的城市暴雨内涝灾害风险评估研究。根据区域灾害系统理论，城市内涝灾害是社会和自然综合作用的结果，其主要由致灾因子（H）、孕灾环境（E）和承灾体（S）三部分组成。因此，对于内涝风险评估模型的构建需要综合考虑这三方面的共同作用，其灾害表达式如下：

$$R = f\ (H,\ E,\ S) \tag{10-1}$$

10.3.1　泸州市基本内涝风险图

基本内涝风险图又分为内涝灾害图和内涝损失图。除了绘制积水深度图、径流流速图、积水历时图和积水范围图外，目前还多采用综合指标绘制不同重现期下的综合内涝灾害图。而对于内涝损失图，可细分为社会性损失图、功能性损失图和经济性损失图。在内涝灾害图的基础上，增加人口分布数据，可绘制出内涝社会性损失图，表现受灾人口和伤亡人口分布；增加功能性建筑分布位置的资料，可绘制出功能性损失图，表现受淹建筑物、受淹交通道路、受淹地下空间、受淹排水设施等功能性建筑损失的分布；绘制脆弱性曲线，计算淹没损失率，将灾害特征与经济损失相联系，可绘制内涝经济性损失图，表现建筑物经济损失、交通道路经济损失、地下空间经济损失、排水设施经济损失等经济性损失的分布。

1. 内涝灾害图

内涝灾害图可基于单一指标或综合指标进行绘制。以积水深度图为例，采用 InfoWorks ICM 模拟结果中的积水深度指标，设置 3 个积水阈值，分别为 0.15m，0.30m，0.50m。选择泸州市雨水管道设计标准（2 年一遇）的设计暴雨情景，研究区域的内涝灾害图如图 10-4 所示。

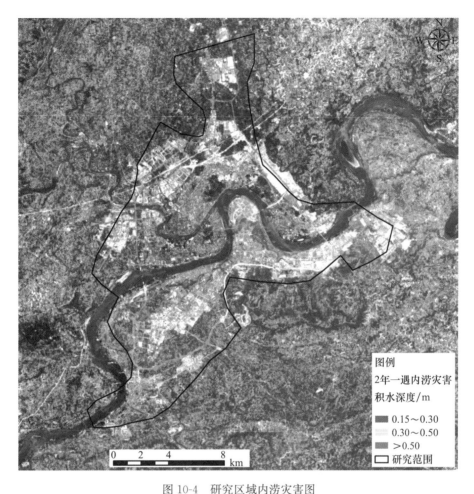

图 10-4 研究区域内涝灾害图

（卫星底图来源：国家地理信息公共服务平台"天地图"；网址：www. tianditu. gov. cn）

2. 内涝损失图

对于社会性损失图、功能性损失图和经济性损失图，分别以受灾人口图、受淹建筑物分布图和建筑物经济损失图为例。

（1）受灾人口图（社会性损失图）

人口数据采用中国科学院资源环境科学与数据中心公开发布的《中国人口空间分布公里网格数据集》以及《泸州统计年鉴》中的人口统计数据。人口空间分布数据是在人口统计数据的基础上，综合考虑了与人口密切相关的土地利用类型、居民点密度等多种因素，将基本统计单元的人口数据展布到空间格网上，从而实现人口的空间化，计算得到研究区域网格范围（$1km^2$）内的人口数，单位为人/km^2。研究区域人口密度分布图如图 10-5 所示。

人口影响的定量评估指标为受灾人口，受灾人口与灾害自然强度、预警时间、区域应急疏散能力以及人口本身脆弱性等多种因素相关。需要通过分析历史内涝灾害过程中的受灾人口的统计资料，结合水动力数值模拟计算出内涝过程中积水深度的模拟结果，提出了积水深度和受灾人口率直接的对应关系，构建积水深度-受灾人口率的脆弱性曲线。由于缺少历史灾害受灾人口资料，参考别市计算结果做示例，绘制受灾人口图。

当积水深度超过 2.5m 时，受灾人口率将突升；当积水深度超过 4.5m 时，受灾人口率趋近于 100%。这意味着当积水深度达到一定程度时，该空间网格范围内的所有人都定义为受灾人口，对应关系见表 10-1。

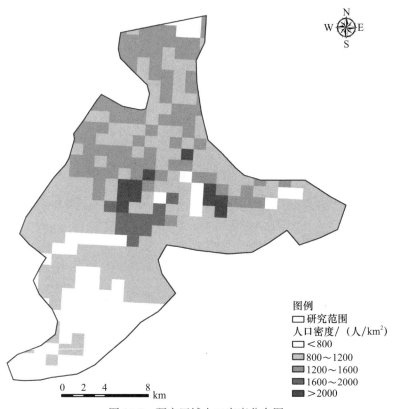

图 10-5　研究区域人口密度分布图

表 10-1　积水深度-受灾人口率脆弱性关系

积水深度/m	0～0.5	0.5～1.5	1.5～2.5	2.5～3.5	3.5～4.5	＞4.5
受灾人口脆弱度/%	10	25	35	50	85	100

$$L_i = D_i A_i k_i \tag{10-2}$$

式中，L_i 代表受灾人数；i 代表网格序号；D_i 代表第 i 个网格的人口密度；A_i 代表第 i 个网格的积水面积；k_i 代表第 i 个网格的受灾人口脆弱度。

积水深度和积水面积由内涝模型模拟获得，受灾人口数量采用上述公式进行估算，从而绘制 2 年一遇设计降雨情景下的受灾人口图（图 10-6）。

由图 10-6 可以看出，受灾人口高损失值集中出现在龙马潭区南部沿江区域以及长江、沱江交汇处的中心半岛老城区，在其他区域则是零散分布。

（2）受淹建筑物分布图（功能性损失图）

基于 GIS 的叠加分析功能，将积水图层分别与建筑物图层相叠加，可得到不同降雨情景下不同积水深度对应的受淹建筑物面积。选取 2 年一遇设计降雨情景绘制受淹建筑物分布图（图 10-7）。

由图 10-7 可以看出，2 年一遇暴雨内涝灾害造成该区域 4.1% 的建筑受淹。研究区域建筑受淹程度整体不高但区域差异显著，龙马潭区东南沿江区域以及中心半岛老城区东侧沿江区域建筑受淹最为严重。

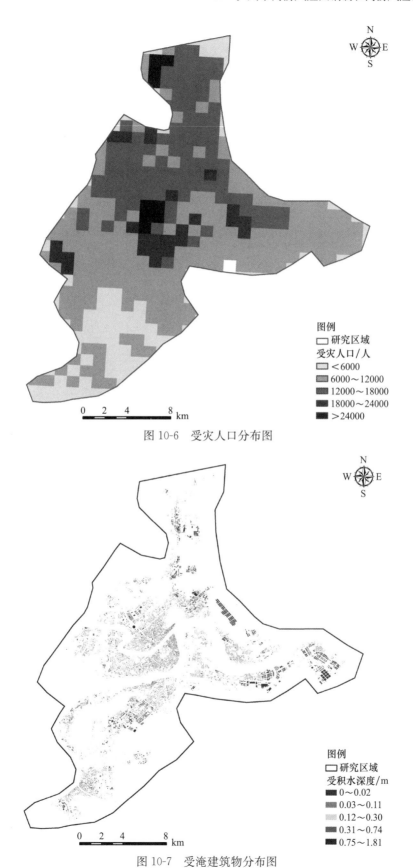

图例
研究区域
受灾人口/人
<6000
6000～12000
12000～18000
18000～24000
>24000

0 2 4 8 km

图 10-6　受灾人口分布图

图例
研究区域
受积水深度/m
0～0.02
0.03～0.11
0.12～0.30
0.31～0.74
0.75～1.81

0 2 4 8 km

图 10-7　受淹建筑物分布图

（3）建筑物经济损失图（经济性损失图）

构建脆弱性曲线是定量化分析脆弱性的关键。有研究表明，不同类型的住宅室内财产在遭受水灾侵袭时，其损失率趋于一致，即脆弱性曲线基本一致。以城市规模和经济情况相似的别市住宅水灾脆弱性曲线为参考，公式如下：

$$y=-0.026x^3\times10^{-5}-0.049x^2\times10^{-2}+0.742x\times10-0.15 \tag{10-3}$$

式中，y 为灾损率，％；x 为积水深度，m。

住宅室内财产难以准确统计，初步估计约为 250 元/m^2。

同样选取设计暴雨重现期为 2 年一遇，并根据受淹建筑物分布情况，绘制建筑物经济损失图，如图 10-8 所示。

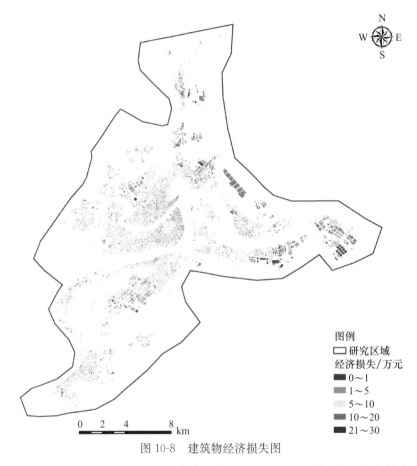

图 10-8　建筑物经济损失图

由图 10-8 可以看出，在 2 年一遇设计降雨情景下，室内财产受损的建筑仅占研究区域建筑总数的 1.50％。区域室内财产灾损程度空间差异显著，龙马潭区东南沿江区域以及中心半岛老城区东侧沿江区域室内财产受损程度最严重。

10.3.2　泸州市专题内涝风险图

专题内涝风险图，可细分为内涝保险率图、避险转移图和内涝风险区划图。在基本内涝风险图的基础上，增加保险率计算相关准则，可绘制内涝保险率图，图中需要标示内涝可能积水范围、内涝风险等级、保险费率计算方法等信息；若在基本内涝风险图基础上增添内涝危险区、避险场所、安置区、转移方向或路线等信息，则可绘制出用于引导居民避险转移的避险转移图；对于内涝风险区划图，图中标示内涝风险等级、区域划分等信息，可用于指导城市规划设计。

危险区及转移单元的确定主要基于内涝灾害图，根据积水深度及径流流速结合保护区积水范围内的居民点分布来确定。根据模型模拟结果，龙马潭区损失比较大。但限于篇幅，仅以龙马潭区红星街道作为避险转移分析案例，该区域总面积5.56km²，内部建筑以居住、商业、办公和其他公用建筑为主，下辖11个社区，分别为奥体社区、春晖社区、长桥社区、红星社区、天立社区、玉带桥社区、龙桥子社区、大驿坝社区、龙南社区、双桂社区、金井湾社区。研究区域地理位置如图10-9所示。

图 10-9 研究区域地理位置
（卫星底图来源：国家地理信息公共服务平台"天地图"；网址：www.tianditu.gov.cn）

避险安置方式分为就地安置和转移安置两类：积水深度小于1.0m、径流流速低于0.5m/s，且具有可容纳该区域人口的安全场所和设施的，原则上采取就地安置方式；不满足上述条件的区域可采取转移安置方式，如区域面积较大、最大积水深度出现时间超过12h，按最大积水深度出现时间0～6h、6～12h和超过12h三个区间划定分批进行转移安置。

通过前期对人口分布及相关资料数据的收集整理，将居民地图层与危险区空间范围叠加，计算各转移单元对应的人数，并统计转移总人数。借助GIS软件，将转移单元、单元内建筑物（含公共设施、避险安全设施等）数据与积水深度、径流流速、积水时间等要素进行叠加分析,同时对淹没房屋面积进行计算,并统计淹没区内总人口数所占比例,据此确定避险转移安置方式及相应人口数量。

安置点的选取原则为就近安置、地面高程适宜、避险场所资源共享、安全性、通达性及安置容量等。安置区可容纳人数一般按照建筑物内人均面积 $3m^2$,露天区域人均面积 $8m^2$ 估算。

在确定转移路线前,首先要明确各转移单元的转移批次。在内涝计算分析成果的基础上,以积水区内的行政村为转移单元,将最大积水深度出现时间进一步划分为 0~6h、6~12h 和超过 12h 3 个批次进行分批转移,通过将积水历时图与房屋村界要素叠加,利用 GIS 软件进行筛选,得到不同村庄对应的转移批次,其中 0~6h 为第一批次、6~12h 为第二批次、超过 12h 为第三批次。通过分析交通路线地图资料,得出行政村庄和安置区,将其编号对应分批转移,在符合安置区容纳能力、转移道路通畅性、路况良好、路径最短等原则并结合当地实际情况的基础上,综合分析研究,进行转移路线的规划和选取。

经过计算统计分析得到危险区积水范围内的转移单元、转移人数、转移批次对应的转移安置区(安置区的面积)及转移路线(方向)。

以内涝模拟结果为基础,提取内涝风险要素(积水范围、积水深度、径流流速及最大积水深度到达时间等),叠加相关 .shp 格式图层(如积水区内村界图层、道路交通及水系图层等),进行避险转移图的绘制,如图 10-10 所示。

图 10-10　避险转移路线

参考文献

[1] 李倩雯，靳甜甜，蒋爱萍，等．道路建设对西南地区景观格局的影响［J］．生态学报，2023，43（6）：2310-2322．

[2] 陆继起．基于丘陵地形的中小城市道路网规划研究［D］．长沙：湖南大学，2013．

[3] 王倩，张琼华，王晓昌．国内典型城市降雨径流初期累积特征分析［J］．中国环境科学，2015，35（6）：1719-1725．

[4] 李港妹，张兴奇，孙媛．下凹式绿地对地表径流的调节作用研究［J］．水资源与水工程学报，2019，30（2）：31-36，42．

[5] 张质明，潘润泽，李俊奇，等．气候变化对雨水控制设施年径流总量控制率的影响［J］．中国给水排水，2018，34（11）：126-131．

[6] 赵雪媛．"海绵城市"视角下北京中心城内涝区场地优化设计研究［D］．北京：北京工业大学，2016．

[7] 高学珑，陈奕，蔡辉艺，等．城市道路雨水排放系统构建及要点研究［J］．给水排水，2021，57（6）：36-42．

[8] 车生泉，于冰沁，严巍．海绵城市研究与应用：以上海城乡绿地建设为例［M］．上海：上海交通大学出版社，2015：171-178．

[9] 庞维华，孙雅婕，刘建军．不同类型园林植物群落冠层的截留能力研究［J］．水土保持通报，2022，42（4）：49-55．

[10] 龙佳，王思思，冯梦珂．北京市低影响开发设施植物应用现状与评价优化［J］．环境工程，2020，38（4）：89-95．

[11] 韩君伟．基于海绵城市的雅安雨水花园植物材料综合评价［J］．中南林业科技大学学报，2018，38（11）：131-135．

[12] 黄安文，林立，秦坤蓉，等．基于综合评价指数法的城市道路植物配置模式评价及优化研究：以自贡市城市建成区为例［J］．西南大学学报（自然科学版），2021，43（3）：156-166．

[13] 李丹丹．城市道路分车带景观设计研究［D］．长沙：中南林业科技大学，2012．

[14] JIANG M，LIN Y，CHAN T O，et al. Geologic factors leadingly drawing the macroecological pattern of rocky desertification in southwest China［J］．Science Reports，2020，10（1）：1440．

[15] Ni C C，Li G P，XIONG X Z. Analysis of a vortex precipitation event over Southwest China using AIRS and in situ measurements［J］．Advance in Atmospheric Science，2017，34（4）：559-570．

[16] 朱乾根．天气学原理与方法［M］．4版．北京：气象出版社，2000．

[17] 周淑贞．气象学与气候学［M］．3版．北京：高等教育出版社，2011．

[18] 马文平．西南地区严重自然灾害分析与对策［M］．成都：四川科学技术出版社，1992．

[19] 李俊晓，李朝奎，殷智慧．基于ArcGIS的克里金插值方法及其应用［J］．测绘通报，2013，438（9）：87-90，97．

[20] 徐宗学，陈浩，任梅芳，等．中国城市洪涝致灾机理与风险评估研究进展［J］．水科学进展，2020，31（5）：713-724．

[21] 靳俊伟，吕波，章卫军，等．重庆主城区排水（防涝）综合规划总体技术路线［J］．中国给水排水，2015，31（8）：24-29．

[22] 住房和城乡建设部．海绵城市建设技术指南：低影响开发雨水系统构建（试行）［EB/OL］．（2014-11-

03）［2024-03-16］. https：//www. mohurd. gov. cn/gongkai/zhengce/zhengcefilelib/201411/20141103
_219465，html.

［23］高以新，李锦，等.1：400 万中国土壤图（2000）［M］.北京：地图出版社，2000.

［24］石坤全.泸州市总体规划区基岩层物理力学性质指标统计分析［J］.四川建筑，2005（S1）：126-
130，133.

［25］徐新良.中国 GDP 空间分布公里网格数据集［EB/OL］.

［26］孟莹莹，李田，王溯.上海市分流制小区雨水管道混接污染来源分析［J］.中国给水排水，2011，27
（6）：12-15.

［27］闫霄雯，李俊奇，郭晓鹏.绿色雨水基础设施适应性植物的选择和设计［J］.环境工程，2020，38
（6）：170-175，251.

［28］李继光.海绵城市建设的绿化品种选择与种植形式探究：以常州市为例［J］.现代园艺，2017（3）：
105-106.

［29］邹涵，皮家凤，潘红.城市既有小区雨洪模拟及 LID 组合方案综合效益分析［J］.水电能源科学，
2023，41（3）：65-69.

［30］SONG X，ZHANG J，ZOU X，et al. Changes in precipitation extremes in the Beijing metropolitan area
during 1960—2012［J］. Atmospheric Research，2019，222：134-153.

［31］WANG L，CHEN S，ZHU W，et al. Spatiotemporal variations of extreme precipitation and its potential
driving factors in China's North-South Transition Zone during 1960-2017［J］. Atmospheric Research，
2021，252：105429.

［32］李宗省，何元庆，辛惠娟，等.我国横断山区 1960—2008 年气温和降水时空变化特征［J］.地理学
报，2010，65（5）：563-579.

［33］张之琳，邱静，程涛，等.粤港澳大湾区城市洪涝问题及其分析［J］.水利学报，2022，53（7）：
823-832.

［34］岑国平，沈晋，范荣生.城市设计暴雨雨型研究［J］.水科学进展，1998（1）：42-47.

［35］侯精明，郭凯华，王志力，等.设计暴雨雨型对城市内涝影响数值模拟［J］.水科学进展，2017，28
（6）：820-828.

［36］廖代强，朱浩楠，周杰，等.暴雨强度公式及其设计雨型的取样方法研究［J］.气象，2019，45
（10）：1375-1381.

［37］严正宵，夏军，宋进喜，等.中小流域设计暴雨雨型研究进展［J］.地理科学进展，2020，39（7）：
1224-1235.

［38］刘媛媛，王毅，刘洪伟，等.基于动态聚类分析和模糊模式识别法的北京城区汛期降雨时空分布规律
研究［J］.水文，2019，39（1）：74-77，73.

［39］叶陈雷，徐宗学，雷晓辉，等.基于 SWMM 和 InfoWorks ICM 的城市街区洪涝模拟与分析［J］.水
资源保护，2023，39（2）：87-94.

［40］黄国如，王欣，黄维.基于 InfoWorks ICM 模型的城市暴雨内涝模拟［J］.水电能源科学，2017，35
（2）：66-70，60.

［41］徐宗学，陈浩，任梅芳，等.中国城市洪涝致灾机理与风险评估研究进展［J］.水科学进展，2020，
31（5）：713-724.

［42］吴彦成，丁祥，杨利伟，等.基于 InfoWorks ICM 模型的陕西省咸阳市排水系统能力及内涝风险评估
［J］.地球科学与环境学报，2020，42（4）：552-559.

［43］夏军强，董柏良，周美蓉，等.城市洪涝中人体失稳机理与判别标准研究进展［J］.水科学进展，
2022，33（1）：153-163.

［44］TANAKA T，KIYOHARA K，TACHIKAWA Y. Comparison of fluvial and pluvial flood risk curves in
urban cities derived from a large ensemble climate simulation dataset：A case study in Nagoya, Japan

[J]. Journal of Hydrology，2020，584：124706.

[45] 黄华兵，王先伟，柳林．城市暴雨内涝综述：特征、机理、数据与方法［J］．地理科学进展，2021，40（6）：1048-1059.

[46] 吴海春，黄国如．基于 PCSWMM 模型的城市内涝风险评估［J］．水资源保护，2016，32（5）：11-16.

[47] 车伍，杨正，赵杨，等．中国城市内涝防治与大小排水系统分析［J］．中国给水排水，2013，29（16）：13-19.

[48] 吕鸿，吴泽宁，管新建，等．缺资料城市洪灾损失率函数构建方法及应用［J］．水科学进展，2021，32（5）：707-716.

后　记

　　海绵城市，这一生动形象描绘城市雨水可持续管理的理念，从提出并实践已十年有余。十年间，海绵城市建设历经了从国家试点城市到国家示范城市，再到系统化全域推进的"由点及面"的建设发展历程。从前期"摸着石头过河"的试点先行，到探索经验的总结凝练，再到全国范围内的全面深入推进，这一过程经历了从基础理论探索研究，到关键技术研发与实证，再到在工程实践中不断发现新问题、新课题的螺旋型上升的认识过程。时至今日，我国已有 30 个国家试点城市和 60 个国家示范城市成功探索出具有地区差异性的海绵城市建设模式，600 余个城市的海绵城市建设也正在如火如荼地进行中，这已成为我国新型城镇化建设的重要组成部分，有效支撑了我国城市内涝防治、城市黑臭水体治理等工作的有效推进，为我国城市更新和美丽中国建设提供了坚实保障。

　　笔者 2015 年开始接触我国海绵城市建设相关工作，参与了第一批和第二批海绵城市国家试点城市的申报和建设实践推进工作，并不同程度地参与了三批系统化全域推进海绵城市示范城市中多个城市的课题研究和工程实践。作为我国海绵城市建设的一名亲历者、参与者、实践者，随着海绵城市建设工作的不断深入推进，笔者对海绵城市这一理念的认识和理解也在不断提升和深化，更能真切地感受到海绵城市建设在我国城镇化建设和城市更新工作中的关键作用和重要意义。

　　四川省泸州市作为我国西南丘陵地区的典型城市，入选国家历史文化名城。"风过泸州带酒香"，泸州市也因其历史悠久的白酒文化而闻名于世。泸州市独特的自然地理属性和极具典型意义的城市特征，使其海绵城市建设的模式探索和经验积累具有很高的示范意义和推广价值。作为全国首批系统化全域推进海绵城市建设的示范城市之一，泸州市在三年示范期内积累了丰富的海绵城市建设和排水防涝的经验。结合"泸州市海绵城市科研课题研究项目"的实施，泸州市在基础理论研究、关键技术研发和实践经验方面都进行了有益探索，有望对西南丘陵地区城市和其他类型城市海绵城市建设提供参考和借鉴。

　　谚语有云，"单丝不成线，独木不成林"。本书是北京建筑大学雨水团队集体智慧的结晶，是在团队师生积极参与和大力支持下共同完成的阶段性工作总结，得到了泸州市住房和城乡建设局、泸州市气象局、中规院（北京）规划设计有限公司、清华大学等单位的重要协助和保障。感谢中国建材工业出版社对本书的认可与肯定，更要感谢出版社高艺笑等几位编辑的高效工作和辛苦付出。

　　随着本书最后一章的完成并定稿，窗外盎然的绿意似乎也寓意着中国海绵城市建设的勃勃生机。本书仅以四川省泸州市为例，围绕西南丘陵地区城市的典型特征，对海绵城市建设和内涝防治关键技术研究工作进行了阶段性小结。海绵城市建设工作如日方升，在充分总结试点、示范城市建设经验的基础上，随着系统化全域推进，海绵城市建设定将在美丽中国建设新篇章中描绘出浓墨重彩的一笔，中国海绵城市建设的有益探索和成功经验也必将为世界城市雨水管理贡献中国经验和中国智慧。

张　伟

甲辰年春，建大明湖畔